创新型计算机精品教材

Hive 数据仓库技术与应用

案例教程

主审　高志升
主编　赵成芳　刘　馨　李红涛

教·学
资　源

航空工业出版社
北　京

内 容 提 要

本书采用项目式编写方法，以合理的结构、通俗易懂的语言、丰富实用的案例、学练结合的讲解方式，全面系统、循序渐进地介绍了 Hive 数据仓库的相关技术和实际应用。全书共分为 8 个项目，分别为数据仓库与 Hive、Hive 基础、Hive 数据定义、Hive 数据导入与导出、Hive 数据查询、Hive 函数、Hive 性能优化和分析二手房数据。

本书可作为各类院校计算机科学与技术、大数据技术、数据科学与大数据技术、人工智能等相关专业的教材，也可供大数据技术爱好者自学使用。

图书在版编目（CIP）数据

Hive 数据仓库技术与应用案例教程 / 赵成芳, 刘馨, 李红涛主编. -- 北京 : 航空工业出版社, 2024.1

ISBN 978-7-5165-3656-8

Ⅰ. ①H… Ⅱ. ①赵… ②刘… ③李… Ⅲ. ①数据库系统－程序设计 Ⅳ. ①TP311.13

中国国家版本馆 CIP 数据核字(2024)第 026602 号

Hive 数据仓库技术与应用案例教程

Hive Shuju Cangku Jishu Yu Yingyong Anli Jiaocheng

航空工业出版社出版发行

（北京市朝阳区京顺路 5 号曙光大厦 C 座四层　100028）

发行部电话：010-85672666　　010-85672683

捷鹰印刷（天津）有限公司印刷　　全国各地新华书店经售

2024 年 1 月第 1 版　　2024 年 1 月第 1 次印刷

开本：787×1092　1/16　　字数：341 千字

印张：14.75　　定价：59.80 元

前言

FOREWORD

Hive 是一个基于 Hadoop 的开源数据仓库工具，主要用于存储和查询大规模数据集。自诞生以来，Hive 数据仓库技术体系不断完善、功能不断丰富、创新应用不断涌现……为实现大数据存储和查询提供了强大的技术支撑。

为帮助学生快速掌握 Hive 数据仓库技术的知识和技能，进而具备独立存储、查询和分析数据的能力，我们组织有丰富教学经验的高校教师和企业专家合作编写了本书。本书全面系统地讲解了从 Hive 部署到数据存储与查询的整个过程，详细来讲，本书主要具有以下几个特色。

1 春风化雨，立德树人

党的二十大报告指出：“育人的根本在于立德。”本书积极贯彻党的二十大精神，始终坚持“价值塑造、能力培养、知识传授”三位一体的育人理念，将职业理想、职业道德、工匠精神、创新精神等内容潜移默化地融入知识和技能教育，引导学生将个人价值实现与国家民族发展紧密相连，力求培养有担当、高素质、高水平的专业型人才。

2 校企合作，协同育人

本书邀请相关企业专家参与案例设计和编写，结合企业对人才的实际要求，通过项目实施和项目实训将教学重心落在职业需要和岗位的实际应用上，充分发挥学校和企业各自在人才培养方面的优势，帮助学生实现从校园到企业的平稳过渡。

3 全新形态，全新理念

本书遵循“理论够用，重在实践”的原则，循序渐进、深入浅出地介绍 Hive 数据仓库技术的相关知识，并且在每个项目的重难点部分精心设计了相关示例，让学生即学即练，帮助学生更好地理解知识点，快速掌握相关知识。此外，本书还根据需要安排了“高手点拨”“智慧解析”和“小试牛刀”等栏目，适时提醒学生留意难点、疑点或关键点，拓宽学生的知识面。

4 资源升级，平台支撑

本书配有丰富的数字资源，学生可以借助手机或其他移动设备扫描二维码观看微课视频，也可以登录文旌综合教育平台“文旌课堂”查看和下载本书配套资源，如教学课件、项目考核答案、素材与实例等。学生在学习过程中有任何疑问，都可以登录该平台寻求帮助。

此外，本书还提供了在线题库，支持“教学作业，一键发布”，教师只需通过微信或“文旌课堂”App 扫描扉页二维码，即可迅速选题、一键发布、智能批改，并查看学生的作业分析报告，提高教学效率、提升教学体验。学生可在线完成作业，巩固所学知识，提高学习效率。

本书创作团队

本书由高志升担任主审，赵成芳、刘馨、李红涛担任主编，黄爱玲、熊小超、李晓峰、李士明、王蓬莱、苏岩担任副主编。由于编者水平有限，书中可能存在疏漏或不妥之处，敬请各位读者批评指正。

特别说明

（1）在本书编写过程中，编者参考了大量资料，这些资料大部分已获授权，但由于部分资料来自网络，我们暂时无法联系到原作者。对此，我们深表歉意，并欢迎原作者随时与我们联系。

（2）本书所有案例中用到的人名等信息均为化名。

本书配套资源下载网址和联系方式

网址：https://www.wenjingketang.com

电话：400-117-9835

邮箱：book@wenjingketang.com

目录

CONTENTS

项目 1

数据仓库与 Hive

项目目标

知识目标

- 熟悉数据仓库的特征和相关概念。
- 掌握数据仓库的模型设计。
- 理解维度建模法和数据仓库分层。
- 熟悉 Hive 的体系结构。
- 理解 Hive 的运行原理。
- 掌握 Hive 的三种部署模式。

技能目标

- 能够采用嵌入模式部署 Hive。
- 能够采用本地模式部署 Hive。
- 能够采用远程模式部署 Hive。

素养目标

- 养成刻苦、勤奋、好问、独立思考和细心检查的学习习惯。
- 学习共享精神，实现资源的共同利用，从而推动社会的共同进步和繁荣。

项目描述

数据仓库在整合数据、提高数据质量、支持实时决策和实现业务分析等方面发挥着重要作用。Hive 是一个基于 Hadoop 的数据仓库工具，它能够有效处理大规模数据集和快速实现复杂查询，并在数据仓库构建、数据分析和日志处理等场景得到了广泛应用。为了精准分析电影市场，某影视公司决定基于公司已有的数据构建数据仓库。该影视公司计划使用 Hive 构建数据仓库，并决定采用不同的模式部署 Hive，以满足开发需求。

项目分析

部署 Hive 可以分解为 3 部分。

（1）采用嵌入模式部署 Hive，步骤分解如下。

第 1 步：安装 JDK。Hadoop 是基于 Java 编程语言开发的，所以在安装 Hadoop 之前需要先安装 JDK。

第 2 步：设置 SSH 免密登录。确保主机可以在不需要输入密码的情况下，操作 Hadoop 集群。

第 3 步：安装 Hadoop。Hive 的运行依赖于 Hadoop 集群的数据存储和计算功能，所以在部署 Hive 之前需要先安装 Hadoop 并部署 Hadoop 集群（伪分布式集群或完全分布式集群）。

第 4 步：部署 Hadoop 伪分布式集群。通过修改自定义配置文件，配置 Hadoop 的伪分布式集群环境。

第 5 步：安装 Hive。

第 6 步：初始化 Derby。Hive 默认使用 Derby 数据库保存元数据，初始化 Derby 保证 Hive 能够正常运行。

（2）采用本地模式部署 Hive，除了需要安装 JDK、设置 SSH 免密登录、安装 Hadoop、部署 Hadoop 伪分布式集群和安装 Hive 外，还需要进行如下操作。

第 1 步：安装 MySQL。

第 2 步：配置 MySQL 保存 Hive 元数据。在本地模式下，使用 MySQL 保存 Hive 元数据，因此需要通过配置实现 Hive 与 MySQL 的交互。

（3）采用远程模式部署 Hive，步骤分解如下。

第 1 步：准备环境。搭建 Hadoop 完全分布式集群至少需要 3 个节点，包括 1 个主节点和 2 个子节点。因此，我们需要准备 3 台主机并设置主机名、IP 地址、子网掩码、防火墙权限，确保 Hadoop 集群中的各个节点能够相互通信。

第 2 步：设置 SSH 免密登录。确保主节点可以在不需要输入密码的情况下操作所有子节点。

第 3 步：部署 Hadoop 完全分布式集群。先分别在 3 台主机中安装 JDK 和 Hadoop，然后通过修改自定义配置文件，配置 Hadoop 的完全分布式集群环境。

第 4 步：部署 HiveServer2 与 Beeline。先分别在相应的主机中安装 Hive 和 MySQL，然后部署 HiveServer2 与 Beeline，确保用户可以通过标准的数据库连接方式或者命令行工具远程管理和操作 Hive。

为了能够顺利部署 Hive，本项目将先对数据仓库与 Hive 的相关知识进行介绍，包括数据仓库的特征、相关概念、模型设计、维度建模法和分层架构，Hive 的实现功能、体系结构、运行原理和部署模式。

项目准备

全班学生以 3～5 人为一组进行分组，各组选出组长。组长组织组员扫码观看“数据仓库与数据库”视频，讨论并回答下列问题。

问题 1：简述数据库与数据仓库的区别。

数据仓库与数据库

问题 2：简述 MySQL 与 Hive 的异同。

1.1 数据仓库概述

数据仓库（data warehouse，DW）是一个面向主题的、集成的、相对稳定的、随时间变化的数据集合。设计并构建数据仓库，可以帮助企业有效地整合、存储、管理和分析大规模数据，从而为企业规划业务发展和制订战略决策等提供数据支持。

1.1.1 数据仓库的特征

上述的数据仓库定义指出了它的 4 个特征。

（1）数据仓库是面向主题的，这意味着数据仓库是针对企业的某个特定主题或问题而设计的。主题是一个抽象概念，每个主题通常对应一个或多个表，这些表包含与主题相关的数据。

（2）数据仓库是集成的，这意味着数据仓库可以从多个数据源中获取数据，并将数据集成到一个统一的数据模型中，以确保数据的一致性和准确性。

（3）数据仓库是相对稳定的，这意味着数据仓库中的数据一般是只读的，也可以理解为不允许在数据仓库中直接修改数据，以确保数据的完整性和稳定性。

（4）数据仓库是随时间变化的，这意味着数据仓库随时间变化不断增加新的数据；如果数据超过存储期限，数据仓库随时间变化不断删除旧的数据。

1.1.2 数据仓库相关概念

数据仓库涉及许多专业名词，如“主题域”“维度”“指标”“粒度”“元数据”等，了解它们的基本概念有助于理解数据仓库的相关知识。

（1）主题域。主题域是指在一个特定的业务领域中，具有共同特征和关注点的业务实体、属性、关系和行为的集合。在销售业务分析中，可以将主题域划分为客户管理、产品管理和订单管理等。

（2）维度。维度是对业务过程中的某方面进行描述的属性集合。在销售业务分析中，可以从时间、地点、产品和客户等维度描述订单。

（3）指标。指标是用于分析、衡量和评估业务性能的度量值。这些度量值通常是从业务活动中收集和计算得出的，用于分析、预测和决策支持。在销售业务分析中，可以将指标设置为销售量、销售额、销售增长率等，以便从不同的角度分析业务数据。

（4）粒度。粒度是指数据在数据仓库中的组织层次和细节程度。粒度越小，细节程度越高，查询范围就越小；相反，粒度越大，细节程度越低，查询范围就越大。在销售业务分析中，可以将粒度划分为高级别粒度（年）、中级别粒度（月）和低级别粒度（日）等。

（5）元数据（metadata）。元数据是关于数据库、表、字段等的所有信息的描述，包括表存储格式、存储位置和数据类型等。

1.1.3 数据仓库模型设计

数据仓库模型是一种结构化设计，用于定义和组织数据仓库中的数据、表和视图等。它提供了一种规范化的方法，以便更好地理解、管理、查询和维护数据仓库中的数据。数据仓库模型的建模过程如图 1-1 所示。

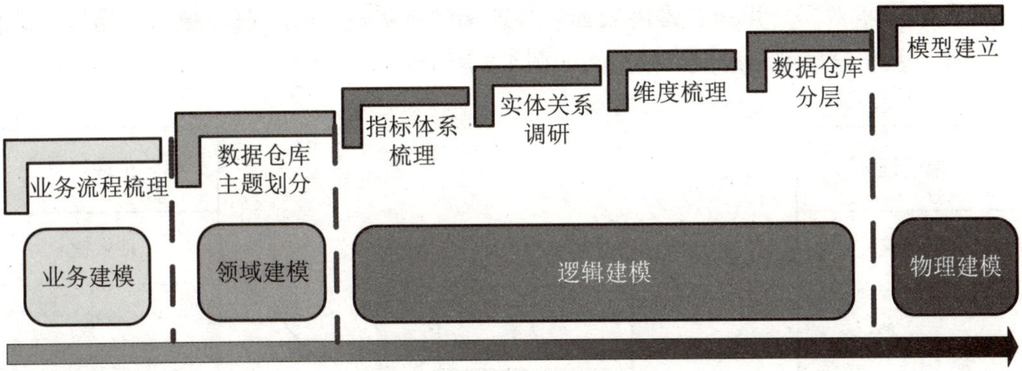

图 1-1　数据仓库模型的建模过程

（1）业务建模。梳理业务流程，分析业务需求，确定用于构建数据仓库的数据。

（2）领域建模。将业务划分为不同的主题域，每个主题域代表一个特定的业务领域。

（3）逻辑建模。针对每个主题域，首先根据业务需求和数据可用性确定每个指标的定义、计算方式和粒度；然后根据指标和数据分析的目的，确定业务领域中的实体及其之间的关系，同时梳理与指标相关的维度；最后根据业务需求和数据仓库设计原则，设计数据仓库分层。

（4）物理建模。实现逻辑模型，主要包括选择合适的软硬件配置、定义存储结构、确定数据存储位置和存储分配等。

高手点拨

数据仓库建模是一个迭代的过程，每个建模阶段可能需要多次迭代和调整。此外，项目背景和项目开发者不同，数据仓库建模采用的具体方法和工具也会不同，上述描述只是提供一个经典的建模过程。

1.1.4　维度建模法

在数据仓库模型设计中，逻辑建模方法包括维度建模法、实体—关系建模法和泛化式建模法等。其中，维度建模法最常用，它可以根据事实表和维度表构建数据仓库的数据模型。其中，事实表用于存储业务指标，维度表用于描述事实表的维度。根据事实表和维度表的关系，可将维度建模法中使用的模型分为星型模型和雪花模型。

1. 星型模型

星型模型（star schema）是一种用于组织和存储数据的常用数据模型，支持快速、灵活地查询和分析数据。当所有维度表都直接连接到事实表上时，整个模型的结构图就像星星一样，故将该模型称为星型模型，如图 1-2 所示。

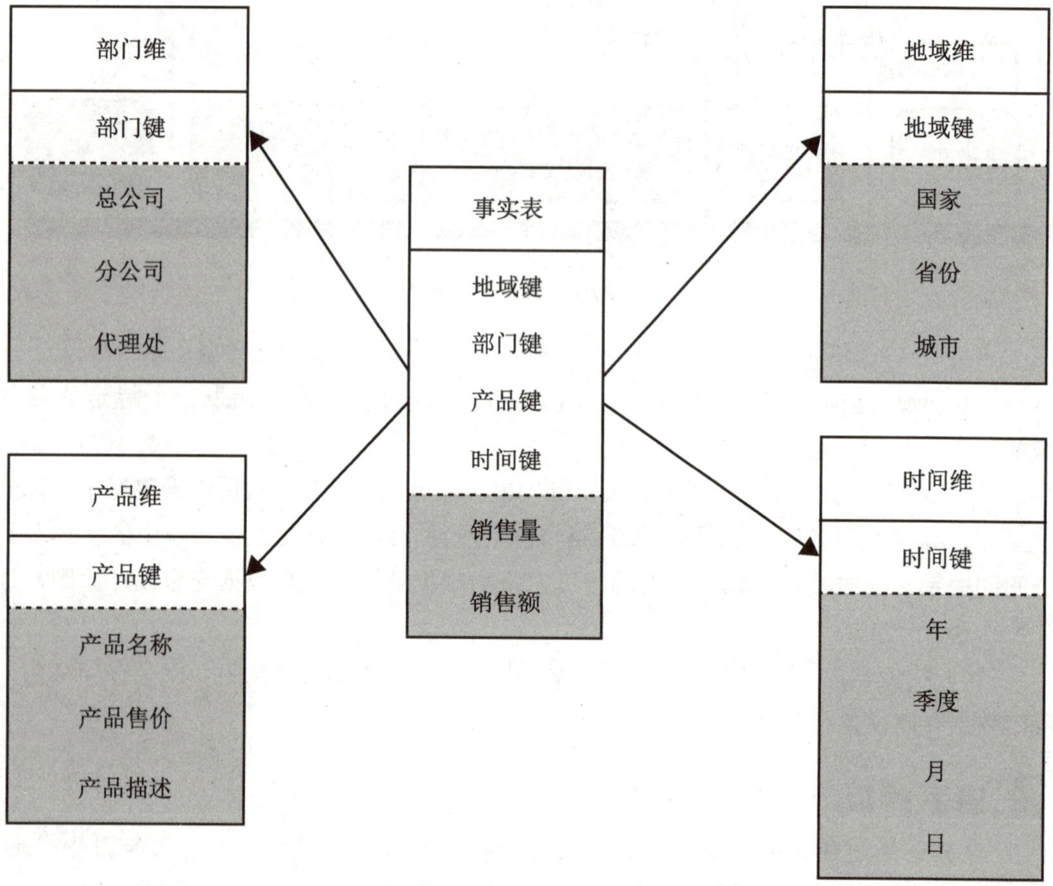

图 1-2　星型模型实例

从图 1-2 中可以看出，每个维度表（部门维、产品维、地域维和时间维）均与事实表直接连接，且事实表中包含每个维度表的主键。

星型模型是一种非正规化的结构，多维数据集的每个维度都直接与事实表相连接，所以数据存在冗余。如果地域维度表中存在国家 A 省 B 城市 C、国家 A 省 B 城市 D 两条记录，那么国家 A 和省 B 的信息分别存储了两次，导致数据存在冗余。

2. 雪花模型

雪花模型（snowflake schema）是星型模型的一种扩展和改进，它利用维度层级将维度表分解为多个相关的表（每个表包含不同级别的维度信息），对星型模型中的维度表进一步层次化。当有一个或多个维度表没有直接连接到事实表上，而是通过其他维度表连接到事实表上时，整个模型的结构图就像雪花一样，故将该模型称为雪花模型，如图 1-3 所示。

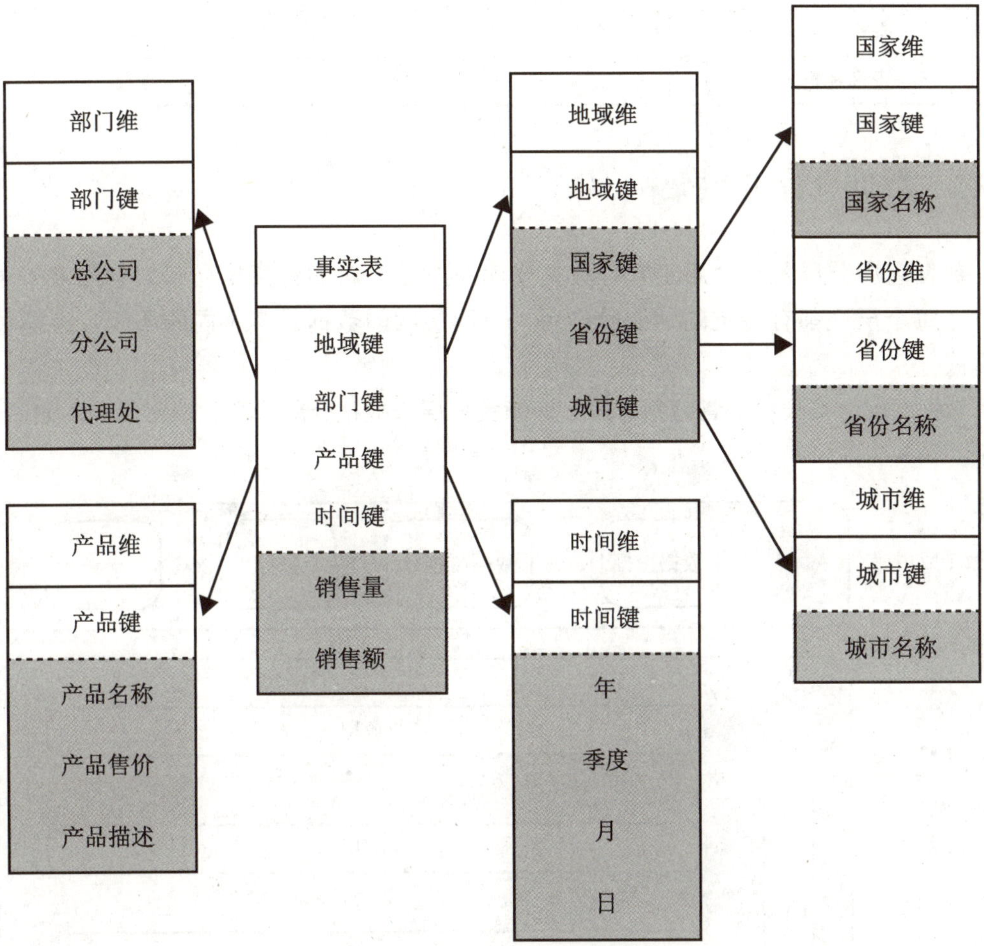

图 1-3　雪花模型实例

从图 1-3 中可以看出，部分维度表（国家维、省份维和城市维）通过地域维度表与事实表连接。将地域维度表分解为国家、省份、城市等维度表，可以最大限度地减少数据冗余。

星型模型和雪花模型各有优势，它们的详细对比如表 1-1 所示。

表 1-1　星型模型和雪花模型的详细对比

属　性	星型模型	雪花模型
数据总量	多	少
维度表	一层级维度表	多层级维度表
数据冗余度	高	低

表 1-1（续）

属　性	星型模型	雪花模型
表数量	少	多
查询速度	快	慢
查询逻辑	简单	复杂

1.1.5　数据仓库分层架构

数据仓库分层是一种用于管理数据仓库的方法，它能将数据仓库划分为多个逻辑层次。每个层次都有特定的功能和作用，不同层次的数据具有不同的组织、存储和管理方式。

数据仓库分层架构通常包括 3 层，即源数据层、数据仓库层和数据应用层，如图 1-4 所示。

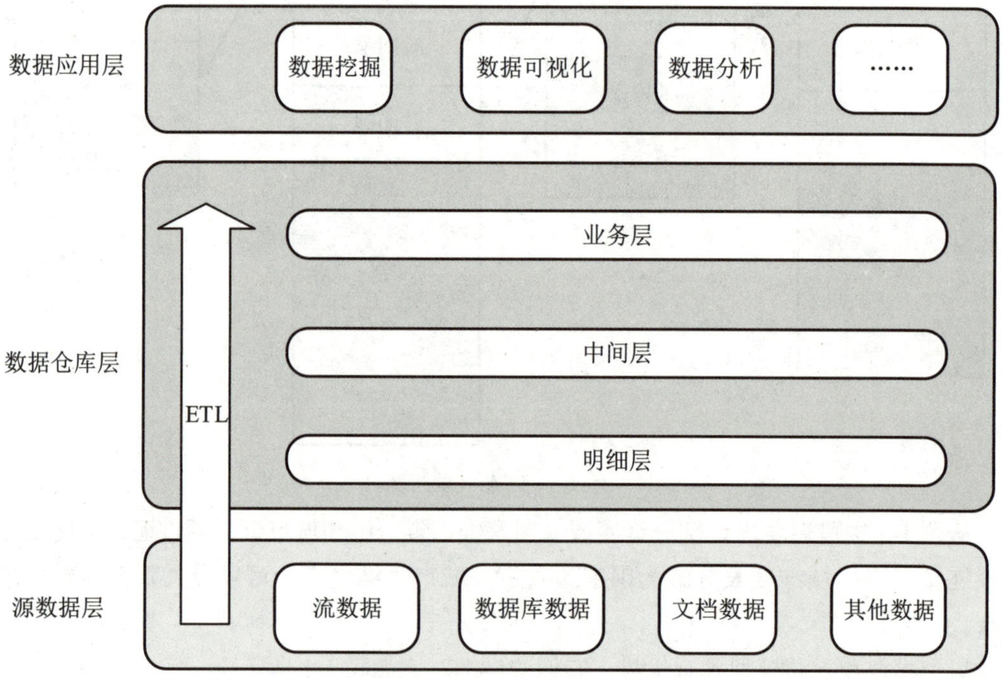

图 1-4　数据仓库分层架构

1. 源数据层

源数据层又称 ODS（operation data store）层，主要用于保存原始数据，完成数据积存。源数据层通常采用 ETL 工具为数据仓库提供数据，使源数据和数据仓库之间保持数据同步。该层的数据通常保存在磁盘中，即使计算机突然停机或崩溃，数据也不会丢失。

高手点拨

ETL（extract-transform-load）工具是用于数据提取、转换和加载的软件工具。ETL 工具能够从各种数据源中提取数据；然后转换和整理提取到的数据；最后将数据加载到目标数据仓库或数据分析平台。

2．数据仓库层

数据仓库层又称 DW 层，存储的数据是对源数据层中数据的轻度汇总，即按照一定的主题汇总的数据。数据仓库层可以继续划分为明细（data warehouse detail, DWD）层、中间（data warehouse middle, DWM）层和业务（data warehouse service, DWS）层，每层的详细介绍如图 1-5 所示。

	数据来源及数据模型	数据ETL过程描述	用途
业务层	数据来自中间层或明细层；数据模型是根据业务需求和指标，采用维度建模法或实体—关系建模法等设计的	对中间层或明细层的数据进行粗粒度汇总，按业务需求对事实表进行拉宽，形成宽表	数据挖掘、自定义查询、应用集市
中间层	数据来自明细层；数据模型是根据业务主题采用维度建模法或实体—关系建模法等设计的	根据数据模型对明细层的数据进行轻度清洗、转换、汇总、聚合，生成事实表和维度表	提供各种统计汇总数据
明细层	数据来自源数据层；数据模型与源数据层保持一致	根据源数据层的原始数据进行清洗、转换和加载，生成全量数据	提供各业务主题的明细数据

图 1-5　数据仓库层的详细介绍

高手点拨

在实际应用中，用户可以根据业务需求省略中间层，直接从明细层读取数据并计算宽表的指标，然后将宽表存放在业务层。

3．数据应用层

数据应用层又称 DA（data application）层，用于为数据挖掘、数据可视化、数据分析等实际业务场景提供数据。数据应用层的数据通常来源于数据仓库层的数据。

1.2 Hive 概述

Hive 是一个基于 Hadoop 的开源的数据仓库工具。Hive 提供了一种类似于 SQL（structured query language）的查询语言（HiveQL），用于管理和查询大规模数据，而且 Hive 可以将查询转化为在 Hadoop 分布式计算框架上运行的 MapReduce 任务。

素养之窗

Hive 是开源的数据仓库工具。开源就是开放源代码，任何人都可以获取并使用软件的源代码。在开源社区中，来自世界各地的开发人员互相分享知识和经验，协作研发同一个项目，共同创造出高质量的软件。目前，开源已经成为软件产业的重要组成部分，广受欢迎的开源软件有 Linux 操作系统、Apache 服务器、MySQL 数据库等。

正如开源已成为软件行业的必然趋势一样，开放合作也是这个世界的必然趋势。作为大学生，更要在学好专业课的同时，强化自己的合作意识和共享精神，为科技的不断发展尽自己的一份力量。

1.2.1 Hive 实现的功能

Hive 为大规模数据的存储和分析提供了一个简单且可扩展的解决方案，它能够实现的功能如下。

（1）数据存储和管理：Hive 提供了一种类似于关系型数据库的结构化数据存储和管理机制。Hive 使用 Hadoop 分布式文件系统（HDFS）存储数据，允许开发人员创建表，定义表的结构、分区和分桶等。

（2）数据查询、处理和分析：Hive 提供了 HiveQL，使得开发人员可以使用熟悉的 SQL 语法查询、处理和分析数据。

（3）生态系统集成：Hive 具有强大的扩展性，它可以与 Hadoop 生态系统中的工具和技术（如 HBase、Spark、Kafka 等）集成，以支持更复杂的数据处理和分析任务。

1.2.2 Hive 的体系结构

Hive 的体系结构是一个复杂的分布式系统，如图 1-6 所示。

其中，Hive 使用 Hadoop 底层的 HDFS 存储数据，使用 MapReduce 实现分布式计算。Hive 由用户接口、Thrift 服务、驱动器和元数据库等组件组成。

（1）用户接口（user interface）。Hive 提供了 CLI、编程接口（如 JDBC、ODBC）和 Web 接口等用户接口。通过用户接口，用户可以执行查询数据、管理表、管理数据库等操作。

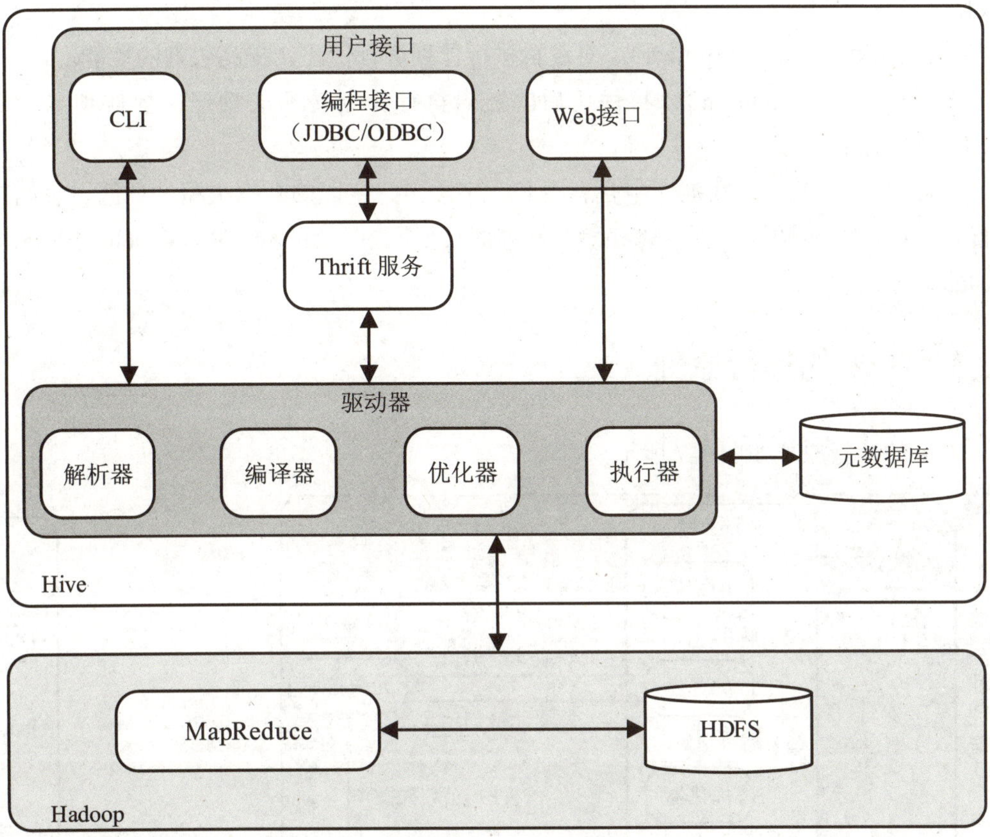

图 1-6 Hive 的体系结构

高手点拨

CLI（command line interface）是 Hive 提供的命令行界面，用户可以在该界面上输入 HiveQL 语句。

JDBC（Java database connectivity）和 ODBC（open database connectivity）是用于连接数据库和进行数据库交互的两种标准接口。通过这些标准接口，用户可以使用多种编程语言（如 Java、Python、R 等）访问 Hive。

（2）Thrift 服务。Thrift 服务提供了访问服务，允许用户使用不同的编程语言调用 Hive 接口。

（3）驱动器（Driver）。驱动器用于完成 HiveQL 语句的解析、编译、优化和 MapReduce 任务的生成。驱动器的组成如下。

① 解析器（parser）。将用户输入的 HiveQL 语句转换成抽象语法树（abstract syntax tree, AST）。解析器会进行语法检查、语义分析和转换操作，确保查询语句的正确性和合法性。

② 编译器（compiler）。将抽象语法树转换成查询块，然后将查询块转换成逻辑执行计划。

③ 优化器（query optimizer）。对逻辑执行计划进行优化，提高查询的性能。

④ 执行器（execution）。将优化后的逻辑执行计划转换成物理执行计划（一系列 MapReduce 任务）。

（4）元数据库。元数据库中含有表名、字段名、字段的数据类型、分区、表的存储位置等信息。Hive 的元数据可以存储在不同的数据库中，如 MySQL、Oracle、Hive 内置的 Derby 等。

1.2.3 Hive 的运行原理

Hive 的运行原理如图 1-7 所示。

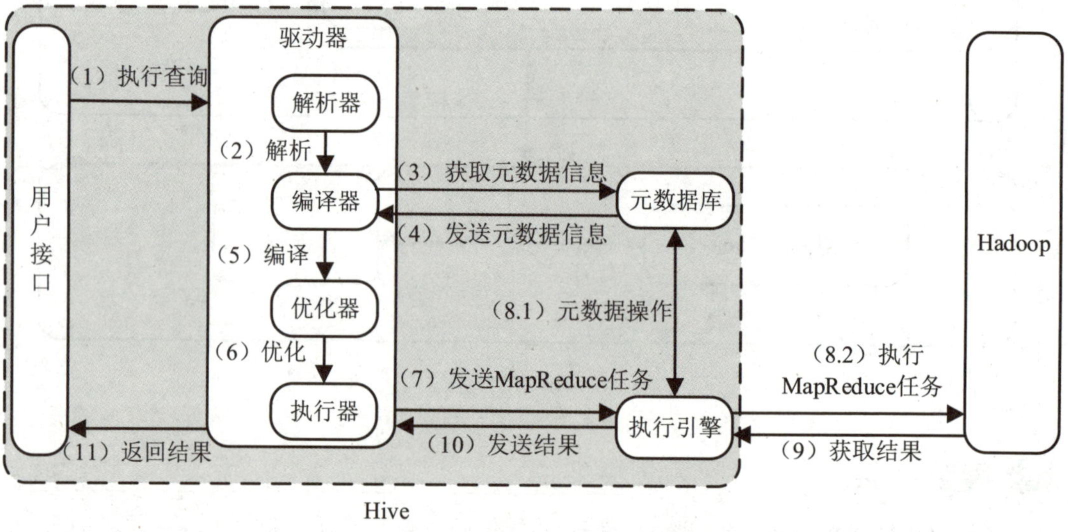

图 1-7 Hive 的运行原理

（1）执行查询。用户通过 Hive 的用户接口将 HiveQL 语句发送给驱动器，触发查询的执行过程。

（2）解析。解析器解析用户提交的 HiveQL 语句，生成抽象语法树。

（3）获取元数据信息。编译器根据用户提交的 HiveQL 语句，发送获取元数据信息请求到元数据库，获取查询任务需要的元数据信息。

（4）发送元数据信息。元数据库收到请求，并将查询到的元数据信息发送给编译器。

（5）编译。编译器通过元数据信息验证查询中引用的表和字段是否存在，若存在则先将抽象语法树转换成查询块，然后将查询块转换成逻辑执行计划；若不存在则编译器会抛出异常并给出相应的提示。

（6）优化。优化器根据合理的连接顺序、分区等优化策略对逻辑执行计划进行优化。

（7）发送 MapReduce 任务。执行器将优化后的逻辑执行计划转换成物理执行计划（一系列 MapReduce 任务）；然后驱动器将 MapReduce 任务转交给执行引擎。

（8）执行 MapReduce 任务。执行引擎接收 MapReduce 任务后，首先从元数据库获取元数据，并将元数据写入 HDFS；然后将 MapReduce 任务提交到 Hadoop 集群中执行。

（9）获取结果。执行引擎获取来自 Hadoop 集群的执行结果。

（10）发送结果。执行引擎发送执行结果给驱动器。

（11）返回结果。驱动器将执行结果返回给用户接口。

1.2.4 Hive 的部署模式

Hive 有 3 种部署模式，分别为嵌入模式、本地模式和远程模式。

（1）嵌入模式。嵌入模式（embedded mode）是指将 Hive 作为一个库嵌入其他应用程序中使用的方式。在嵌入模式下运行 Hive 时，元数据保存在内置的 Derby 数据库中，且只允许一个会话连接。也就是说，同一时间只能有一个 Hive 客户端操作同一个数据库。嵌入模式一般只用于测试环境。

（2）本地模式。本地模式（local mode）是指在单个节点执行 Hive 查询的方式。在本地模式下运行 Hive 时，元数据保存在 MySQL 数据库中，且允许多个会话连接。也就是说，同一时间允许多个 Hive 客户端操作同一个数据库。Hive 客户端连接 MySQL 数据库时，需要知道登录 MySQL 数据库的用户名和密码。本地模式可用于测试环境和生产环境。

（3）远程模式。远程模式（remote mode）是指通过网络连接远程访问 Hive 服务器的方式执行 Hive 查询。远程模式与本地模式一样，都会将元数据存储在 MySQL 数据库中。不同的是，远程模式中 Hive 客户端和元数据服务（服务端）在不同的服务器启动，Hive 客户端通过远程连接元数据服务获取元数据信息。

HiveServer2 是 Hive 的一个组件，它提供了一个标准的 SQL 接口，使用户可以远程访问 Hive 并执行查询操作。

Beeline 是 Hive 的一个命令行工具，它提供了一个标准的 SQL 接口，使用户可以通过 JDBC 连接到 HiveServer2 并执行 Hive 查询语句。与 Hive 的 CLI 不同，Beeline 是一个独立的客户端工具，它可以在任何支持 Java 的平台上运行，包括 Windows、Linux 和 Mac OS 等。

远程模式的实现需要使用 Hive 安装目录中提供的 Beeline 和 HiveServer2，用户可以通过配置 Beeline 连接信息（如 JDBC URL、用户名和密码等）与远程的 HiveServer2 建立连接，并通过标准的 SQL 接口执行 Hive 查询语句。远程模式可用于测试环境和生产环境，一般用于生产环境。

项目实施 1 ——采用嵌入模式部署 Hive

本书均在 VMware 虚拟机中搭建所需环境，参考本书配套素材“前置环境的配置与安装”文档，安装和配置以下前置环境。

- VMware 虚拟机：VMware Workstation Pro 17.0.0。
- Linux 操作系统：Red Hat Enterprise Linux 8.7.0 64 位。

采用嵌入模式部署 Hive

1. 安装 JDK

步骤 1 启动终端，执行如下命令，在“/usr/lib”目录中新建一个“jvm”文件夹，用于存放解压后的 JDK 安装文件。

```
[hadoop@localhost ~]$ cd /usr/lib                #切换到“/usr/lib”目录
[hadoop@localhost lib]$ sudo mkdir jvm   #新建“jvm”文件夹
```

步骤 2 执行如下命令，下载 JDK 8 安装文件，并将其解压到“/usr/lib/jvm”目录中。

```
[hadoop@localhost lib]$ sudo wget https://repo.huaweicloud.com/ java/jdk/8u151-b12/jdk-8u151-linux-x64.tar.gz    #下载 JDK 8 安装文件
[hadoop@localhost lib]$ sudo tar -zxvf jdk-8u151-linux-x64.tar.gz -C /usr/lib/jvm                              #解压 JDK 8 安装文件
```

步骤 3 执行如下命令，使用 Vim 编辑器打开“.bashrc”配置文件。

```
[hadoop@localhost lib]$ vim ~/.bashrc
```

步骤 4 按“i”键进入编辑模式，然后使用“↑”键将光标位置调整至文件首行，最后添加如下配置信息，将 JDK 的可执行文件路径添加到系统的 PATH 环境变量中，以便在任意路径下使用 Java。

```
export JAVA_HOME=/usr/lib/jvm/jdk1.8.0_151
export PATH=${JAVA_HOME}/bin:$PATH
```

步骤 5 配置信息添加完成后，按“esc”键退出编辑模式，然后输入“:wq”并按“Enter”键，保存配置信息并关闭配置文件。

步骤 6 执行如下命令，使配置信息生效。

```
[hadoop@localhost lib]$ source ~/.bashrc
```

步骤 7 执行如下命令，验证 JDK 是否安装成功。若能输出 JDK 的版本信息，则证明安装成功，如图 1-8 所示。

```
[hadoop@localhost lib]$ java -version
```

```
java version "1.8.0_151"
Java(TM) SE Runtime Environment (build 1.8.0_151-b12)
Java HotSpot(TM) 64-Bit Server VM (build 25.151-b12, mixed mode)
```

图 1-8　输出 JDK 的版本信息

2. 设置 SSH 免密登录

SSH（secure shell）是一种用于计算机之间加密登录的网络协议，通过加密和身份验证保证通信的机密性、完整性和安全性。设置 SSH 免密登录可以实现远程登录、服务控制和数据传输等功能。

步骤 1 执行如下命令，设置 SSH 免密登录，以便操作主机。

```
#登录主机，登录过程中根据提示信息输入“yes”或密码
[hadoop@localhost ~]$ ssh localhost
[hadoop@localhost ~]$ cd ~/.ssh
#生成 SSH 密钥对，生成过程中根据提示信息按 3 次“Enter”键
[hadoop@localhost.ssh]$ ssh-keygen -t rsa
#将生成的公钥追加到“authorized_keys”文件中
[hadoop@localhost.ssh]$ cat ./id_rsa.pub >> ./authorized_keys
#设置“authorized_keys”文件的权限为 600，保护私钥的安全性
[hadoop@localhost.ssh]$ chmod 600 ~/.ssh/authorized_keys
```

步骤 2 执行如下命令，登录主机，验证 SSH 免密登录是否设置成功。如果无须输入密码即可成功登录，则证明 SSH 免密登录设置成功。

```
[hadoop@localhost .ssh]$ ssh localhost
```

3. 安装 Hadoop

步骤 1 启动浏览器，访问“https://archive.apache.org/dist/hadoop/common/hadoop-3.3.4/”，在打开的页面中单击“hadoop-3.3.4.tar.gz”链接文字，下载 Hadoop 安装文件，如图 1-9 所示。

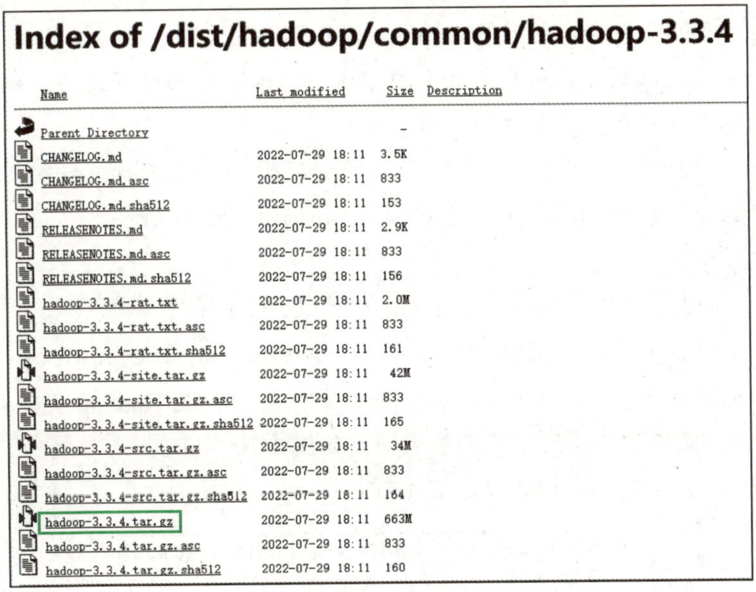
Index of /dist/hadoop/common/hadoop-3.3.4

Name	Last modified	Size	Description
Parent Directory		-	
CHANGELOG.md	2022-07-29 18:11	3.5K	
CHANGELOG.md.asc	2022-07-29 18:11	833	
CHANGELOG.md.sha512	2022-07-29 18:11	153	
RELEASENOTES.md	2022-07-29 18:11	2.9K	
RELEASENOTES.md.asc	2022-07-29 18:11	833	
RELEASENOTES.md.sha512	2022-07-29 18:11	156	
hadoop-3.3.4-rat.txt	2022-07-29 18:11	2.0M	
hadoop-3.3.4-rat.txt.asc	2022-07-29 18:11	833	
hadoop-3.3.4-rat.txt.sha512	2022-07-29 18:11	161	
hadoop-3.3.4-site.tar.gz	2022-07-29 18:11	42M	
hadoop-3.3.4-site.tar.gz.asc	2022-07-29 18:11	833	
hadoop-3.3.4-site.tar.gz.sha512	2022-07-29 18:11	165	
hadoop-3.3.4-src.tar.gz	2022-07-29 18:11	34M	
hadoop-3.3.4-src.tar.gz.asc	2022-07-29 18:11	833	
hadoop-3.3.4-src.tar.gz.sha512	2022-07-29 18:11	164	
hadoop-3.3.4.tar.gz	2022-07-29 18:11	663M	
hadoop-3.3.4.tar.gz.asc	2022-07-29 18:11	833	
hadoop-3.3.4.tar.gz.sha512	2022-07-29 18:11	160	

图 1-9 下载 Hadoop 安装文件

步骤 2 启动终端，执行如下命令，将 Hadoop 安装文件解压到“/usr/local”目录中；然后将“hadoop-3.3.4”目录重命名为“hadoop”，使目录名称更简洁，以便后续使用；最后将“hadoop”目录的所有权限赋予 hadoop 用户，使 hadoop 用户有权限访问和操作“hadoop”目录中的文件。

```
#解压 Hadoop 安装文件
[hadoop@localhost ~]$ sudo tar -zxf ~/下载/hadoop-3.3.4.tar.gz -C /usr/local
[hadoop@localhost ~]$ cd /usr/local
#重命名
[hadoop@localhost local]$ sudo mv ./hadoop-3.3.4/ ./hadoop
#赋予权限
[hadoop@localhost local]$ sudo chown -R hadoop ./hadoop
```

步骤 3 执行如下命令，打开“.bashrc”配置文件；然后在文件首行添加如下配置信息，将 Hadoop 的可执行文件路径添加到系统的 PATH 环境变量中，以便在任意路径下使用 Hadoop；最后保存并关闭配置文件。

```
[hadoop@localhost local]$ vim ~/.bashrc
#配置信息
export HADOOP_HOME=/usr/local/hadoop
export PATH=$PATH:$HADOOP_HOME/bin:$HADOOP_HOME/sbin
```

步骤 4 执行如下命令，使配置信息生效。

```
[hadoop@localhost local]$ source ~/.bashrc
```

步骤 5 执行如下命令，打开“hadoop-env.sh”配置文件；然后在文件首行添加如下配置信息，以便快速找到并使用指定版本的 JDK 和 Hadoop 的配置文件，确保 Hadoop 正常运行；最后保存并关闭配置文件。

```
[hadoop@localhost local]$ cd /usr/local/hadoop/etc/hadoop
[hadoop@localhost hadoop]$ vim hadoop-env.sh
#配置信息
export JAVA_HOME=/usr/lib/jvm/jdk1.8.0_151
export HADOOP_CONF_DIR=/usr/local/hadoop/etc/hadoop
```

步骤 6 执行如下命令，查看 Hadoop 的版本信息，验证 Hadoop 是否安装成功。若能输出 Hadoop 的版本信息，则证明安装成功，如图 1-10 所示。

```
[hadoop@localhost hadoop]$ hadoop version
```

```
[hadoop@localhost hadoop]$ hadoop version
Hadoop 3.3.4
```

图 1-10　Hadoop 的版本信息

4. 部署 Hadoop 伪分布式集群

步骤 1 启动终端，执行如下命令，打开“core-site.xml”配置文件；然后在<configuration>标签下方添加如下配置信息，设置 Hadoop 的临时目录路径和默认文件系统；最后保存并关闭配置文件。

```
[hadoop@localhost ~]$ cd /usr/local/hadoop/etc/hadoop
[hadoop@localhost hadoop]$ gedit core-site.xml
#配置信息
<property>
    <!--指定 Hadoop 运行时使用的临时目录路径-->
    <name>hadoop.tmp.dir</name>
    <value>file:/usr/local/hadoop/tmp</value>
</property>
<property>
    <!--配置 Hadoop 集群的默认文件系统-->
    <name>fs.defaultFS</name>
    <value>hdfs://localhost:9000</value>
</property>
```

步骤 2 执行如下命令，打开“hdfs-site.xml”配置文件；然后在<configuration>标签下方添加如下配置信息，设置 HDFS 的副本数、NameNode 节点的名称目录和 NameNode 节点的数据目录；最后保存并关闭配置文件。

```
[hadoop@localhost hadoop]$ gedit hdfs-site.xml
#配置信息
<property>
    <!--配置 HDFS 副本数-->
    <name>dfs.replication</name>
    <value>1</value>
</property>
<property>
    <!--配置 NameNode 节点的元数据目录-->
    <name>dfs.namenode.name.dir</name>
    <value>file:/usr/local/hadoop/tmp/dfs/name</value>
</property>
<property>
    <!--配置 DataNode 节点的数据目录-->
```

```
    <name>dfs.datanode.data.dir</name>
    <value>file:/usr/local/hadoop/tmp/dfs/data</value>
</property>
```

步骤 3 执行如下命令，打开“mapred-site.xml”配置文件；然后在<configuration>标签下方添加如下配置信息，设置 MapReduce 运行时使用的资源管理框架为 YARN；最后保存并关闭配置文件。

```
[hadoop@localhost hadoop]$ gedit mapred-site.xml
#配置信息
<property>
    <name>mapreduce.framework.name</name>
    <value>yarn</value>
</property>
```

步骤 4 执行如下命令，打印当前 Hadoop 环境的配置路径，如图 1-11 所示。该配置路径会作为配置信息的一部分添加到“yarn-site.xml”配置文件中。

```
[hadoop@localhost hadoop]$ hadoop classpath
```

```
[hadoop@Master hadoop]$ hadoop classpath
/usr/local/hadoop/etc/hadoop:/usr/local/hadoop/share/hadoop/common/lib/*:/usr/local/hadoop/share/hadoop/common/*:/usr/local/hadoop/share/hadoop/hdfs:/usr/local/hadoop/share/hadoop/hdfs/lib/*:/usr/local/hadoop/share/hadoop/hdfs/*:/usr/local/hadoop/share/hadoop/mapreduce/*:/usr/local/hadoop/share/hadoop/yarn:/usr/local/hadoop/share/hadoop/yarn/lib/*:/usr/local/hadoop/share/hadoop/yarn/*
```

图 1-11　Hadoop 环境的配置路径

步骤 5 执行如下命令，打开“yarn-site.xml”配置文件；然后在<configuration>标签下方添加如下配置信息，设置 YARN 资源管理框架的相关参数、Hadoop 及其相关组件的核心库和依赖项，确保 YARN 能够访问到运行所需的所有必要资源；最后保存并关闭配置文件。

```
[hadoop@localhost hadoop]$ gedit yarn-site.xml
#配置信息
<property>
    <!--配置 YARN 的 ResourceManager 的地址-->
    <name>yarn.resourcemanger.hostname</name>
    <value>localhost</value>
</property>
<property>
    <!--配置 YARN 的 NodeManager 的辅助服务-->
    <name>yarn.nodemanager.aux-services</name>
    <value>mapreduce_shuffle</value>
```

```
    </property>
    <property>
        <name>yarn.application.classpath</name>
        <value>/usr/local/hadoop/etc/hadoop:/usr/local/hadoop/share/hadoop/common/lib/*:/usr/local/hadoop/share/hadoop/common/*:/usr/local/hadoop/share/hadoop/hdfs:/usr/local/hadoop/share/hadoop/hdfs/lib/*:/usr/local/hadoop/share/hadoop/hdfs/*:/usr/local/hadoop/share/hadoop/mapreduce/*:/usr/local/hadoop/share/hadoop/yarn:/usr/local/hadoop/share/hadoop/yarn/lib/*:/usr/local/hadoop/share/hadoop/yarn/*</value>
    </property>
```

步骤 6 执行如下命令，格式化 NameNode，初始化 HDFS 中的元数据存储。初始化过程中根据提示信息输入“Y”。

```
[hadoop@localhost hadoop]$ hdfs namenode -format
```

小提示

只有在第一次启动 HDFS 之前，才需要格式化 NameNode。

步骤 7 执行如下命令，启动 HDFS 和 YARN。

```
[hadoop@localhost hadoop]$ start-dfs.sh
[hadoop@localhost hadoop]$ start-yarn.sh
```

步骤 8 执行如下命令，查看启动的进程，验证 Hadoop 伪分布式集群是否部署成功。若显示的进程中含有 NameNode、DataNode 和 SecondaryNameNode，则证明集群部署成功，如图 1-12 所示。

```
[hadoop@localhost hadoop]$ jps
```

```
8278 NodeManager
8120 ResourceManager
8649 Jps
7451 NameNode
7645 DataNode
7886 SecondaryNameNode
```

图 1-12 启动的进程

5. 安装 Hive

步骤 1 启动浏览器，访问“https://mirrors.tuna.tsinghua.edu.cn/apache/hive/hive-3.1.3/”，在打开的页面中单击“apache-hive-3.1.3-bin.tar.gz”链接文字，下载 Hive 安装文件，如图 1-13 所示。

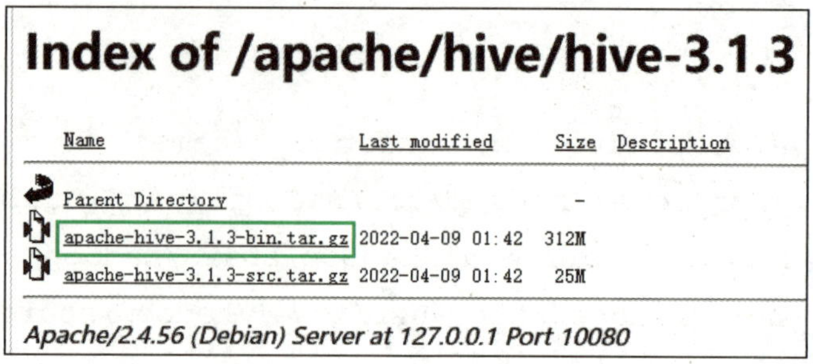

图 1-13　下载 Hive 安装文件

步骤 2 启动终端，执行如下命令，将 Hive 安装文件解压到“/usr/local”目录中；然后将“apache-hive-3.1.3-bin”目录重命名为“hive”；最后将该目录的所有权限赋予 hadoop 用户。

```
[hadoop@localhost ~]$ sudo tar -zxf ~/下载/apache-hive-3.1.3-bin.tar.gz -C /usr/local
[hadoop@localhost ~]$ cd /usr/local
[hadoop@localhost local]$ sudo mv ./apache-hive-3.1.3-bin/ ./hive
[hadoop@localhost local]$ sudo chown -R hadoop ./hive
```

步骤 3 执行如下命令，打开“.bashrc”配置文件；然后在文件首行添加如下配置信息，将 Hive 的可执行文件路径添加到系统的 PATH 环境变量中，以便在任意路径下使用 Hive；最后保存并关闭配置文件。

```
[hadoop@localhost local]$ sudo vim ~/.bashrc
#配置信息
export HIVE_HOME=/usr/local/hive
export PATH=$PATH:$HIVE_HOME/bin
```

步骤 4 执行如下命令，使配置信息生效。

```
[hadoop@localhost local]$ source ~/.bashrc
```

步骤 5 执行如下命令，复制 Hive 安装目录中自带的“hive-env.sh.temlate”配置文件，并重命名为“hive-env.sh”。

```
[hadoop@localhost local]$ cd hive
[hadoop@localhost hive]$ sudo cp ./conf/hive-env.sh.template ./conf/hive-env.sh
```

步骤 6 执行如下命令，打开“hive-env.sh”配置文件；然后在文件首行添加如下配置信息，以便 Hive 与 Hadoop 进行交互；最后保存并关闭配置文件。

```
[hadoop@localhost hive]$ sudo vim ./conf/hive-env.sh
#配置信息
```

```
export HADOOP_HOME=/usr/local/hadoop
export HIVE_CONF_DIR=/usr/local/hive/conf
```

6. 初始化 Derby

步骤 1 启动终端，执行如下命令，初始化 Derby 数据库。如果出现“schemaTool completed”提示信息，则证明 Derby 数据库初始化成功，如图 1-14 所示。

```
[hadoop@localhost ~]$ schematool -initSchema -dbType derby
```

```
Initialization script completed
schemaTool completed
```

图 1-14　Derby 数据库初始化成功

步骤 2 执行如下命令，启动 Hive 的 CLI，验证采用嵌入模式部署 Hive 是否成功。若出现“hive>”提示符，则证明部署成功，如图 1-15 所示。

```
[hadoop@localhost ~]$ hive
```

```
Logging initialized using configuration in jar:file:/usr/local/hive/lib/hive-common-3.1.3.jar!
/hive-log4j2.properties Async: true
Hive Session ID = 857476cb-a170-48ea-9db6-22ddc71b67b3
Hive-on-MR is deprecated in Hive 2 and may not be available in the future versions. Consider u
sing a different execution engine (i.e. spark, tez) or using Hive 1.X releases.
hive>
```

图 1-15　Hive 的 CLI

步骤 3 执行如下语句，退出 Hive 的 CLI。

```
hive> EXIT;
```

高手点拨

启动和退出 Hive 的 CLI 的方式分别有两种。

```
#启动命令
hive                    #方式一
hive --service cli      #方式二
#退出语句
EXIT;                   #方式一
QUIT;                   #方式二
```

项目实施 2 ——采用本地模式部署 Hive

采用本地模式部署 Hive 同样需要安装 JDK、设置 SSH 免密登录、安装 Hadoop、部署 Hadoop 伪分布式集群和安装 Hive，具体操作方法参考项目实施 1。下面只详细介绍安装 MySQL 和配置 MySQL 保存 Hive 元数据的具体操作方法。

采用本地模式部署 Hive

1．安装 MySQL

步骤 1 启动浏览器，访问“https://downloads.mysql.com/archives/c-j/”，在打开的页面中选择产品版本、操作系统和操作系统版本，然后单击“Download”按钮，下载 MySQL 驱动程序文件，如图 1-16 所示。

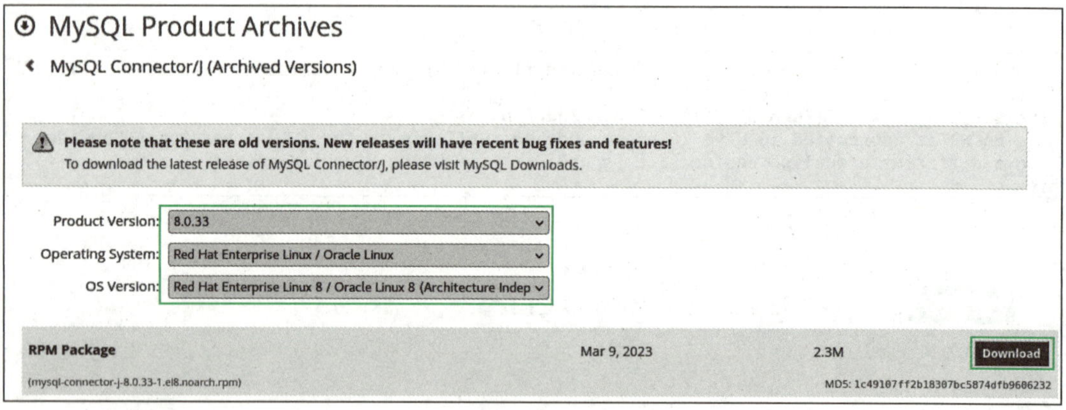

图 1-16　下载 MySQL 驱动程序文件

高手点拨

> MySQL 驱动程序文件需要根据个人安装的虚拟机镜像文件进行选择。例如，本书安装的是 Red Hat 8.7.0 版本，则选择对应的操作系统 Red Hat Enterprise Linux /Oracle Linux 和版本 Red Hat Enterprise Linux 8 /Oracle Linux 8。

步骤 2 启动终端，执行如下命令，将下载的 MySQL 驱动程序文件解压并安装到“~/下载”目录中。

```
[hadoop@localhost ~]$ cd ~/下载
[hadoop@localhost 下载]$ sudo rpm2cpio ~/下载/mysql-connector-j-8.0.33-1.el8.noarch.rpm | cpio -idmv
```

步骤 3 执行如下命令，安装 MySQL 服务器端。安装过程中根据提示信息输入“y”，如图 1-17 所示。

```
[hadoop@localhost 下载]$ sudo yum install mysql-server
```

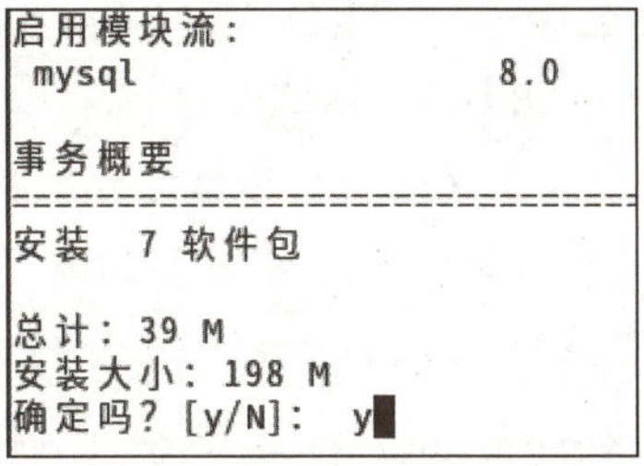

图 1-17 提示信息

小提示

如果使用 yum 命令安装 MySQL 服务器端时出现“没有被启用的仓库”错误，同学们可以参考素材与实例的“前置环境的配置与安装”文档挂载光盘镜像即可。

步骤 4 执行如下命令，启动 MySQL 并设置开机自动启动，确保系统重启后，MySQL 服务可以自动启动，从而保证 MySQL 可以正常存储 Hive 元数据。设置过程中会打开认证对话框，输入密码，然后单击“认证”按钮，如图 1-18 所示。

```
#启动 MySQL
[hadoop@localhost 下载]$ sudo systemctl start mysqld
#设置开机自动启动
[hadoop@localhost 下载]$ sudo systemctl enable mysqld
[hadoop@localhost 下载]$ systemctl daemon-reload
```

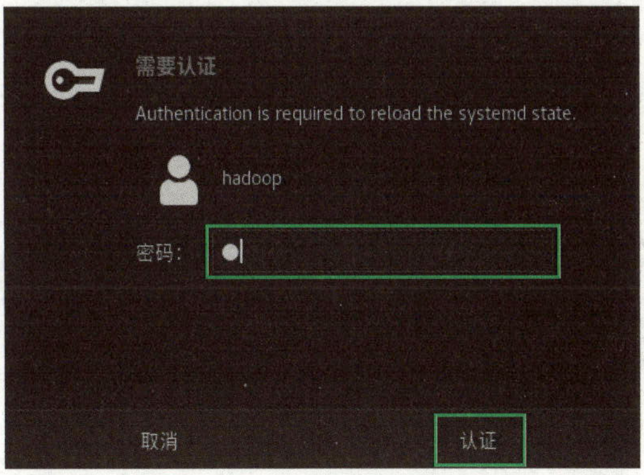

图 1-18 认证对话框

步骤 5 执行如下命令，查看 MySQL 的状态，验证 MySQL 是否启动成功。如果出现“active (running)”，则证明 MySQL 启动成功，如图 1-19 所示。

```
[hadoop@localhost 下载]$ systemctl status mysqld
```

```
●mysqld.service - MySQL 8.0 database server
   Loaded: loaded (/usr/lib/systemd/system/mysqld.service; enabled; vendor preset: disabled)
   Active: active (running) since Thu 2023-11-09 15:54:34 CST; 6 days ago
```

图 1-19　MySQL 的状态

步骤 6 按“Ctrl+Shift+Z”组合键关闭状态信息；然后执行如下命令，打开 MySQL 的日志文件，查看 MySQL 的用户名和密码，如图 1-20 所示。

```
[hadoop@localhost 下载]$ sudo cat /var/log/mysql/mysqld.log
```

```
2023-09-08T02:51:43.102516Z 0 [Warning] [MY-010918] [Server] 'default_authentication_plugin' is deprecated and will be removed in a future release. Please use authentication_policy instead.
2023-09-08T02:51:43.102522Z 0 [System] [MY-013169] [Server] /usr/libexec/mysqld (mysqld 8.0.30) initializing of server in progress as process 37328
2023-09-08T02:51:43.109940Z 1 [System] [MY-013576] [InnoDB] InnoDB initialization has started.
2023-09-08T02:51:43.468848Z 1 [System] [MY-013577] [InnoDB] InnoDB initialization has ended.
2023-09-08T02:51:44.226490Z 6 [Warning] [MY-010453] [Server] root@localhost is created with an empty password ! Please consider switching off the --initialize-insecure option.
2023-09-08T02:51:46.943425Z 0 [Warning] [MY-010918] [Server] 'default_authentication_plugin' is deprecated and will be removed in a future release. Please use authentication_policy instead
```

图 1-20　查看 MySQL 的用户名和密码

高手点拨

日志文件一般存放在“/var/log”目录中，在该目录中可以找到 MySQL 的日志文件（mysqld.log）。MySQL 的日志文件中包含 MySQL 的用户名和密码等信息，从图 1-20 中可以看出 MySQL 的用户名为“root”，主机名为“localhost”，密码为空。

步骤 7 执行如下命令，登录 MySQL，出现“mysql>”命令提示符，如图 1-21 所示。

```
[hadoop@localhost 下载]$ mysql -h localhost -u root
```

```
Type 'help;' or '\h' for help. Type '\c' to clear the current input statement.

mysql> 
```

图 1-21　登录 MySQL

步骤 8 执行如下语句，修改 MySQL 的登录密码，然后退出 MySQL。

```
mysql> ALTER USER 'root'@'localhost' IDENTIFIED BY '123456';
mysql> QUIT;
```

2. 配置 MySQL 保存 Hive 元数据

步骤 1 启动终端，执行如下命令，将解压的 MySQL 驱动程序文件复制到“/usr/local/hive/lib”目录中。

```
[hadoop@localhost ~]$ cp ~/下载/usr/share/java/mysql-connector-j.jar /usr/local/hive/lib
```

步骤 2 执行如下命令，创建并打开“hive-site.xml”配置文件；然后添加如下配置信息，以便 Hive 与 MySQL 进行交互；最后保存并关闭配置文件。

```
[hadoop@localhost ~]$ cd /usr/local/hive/conf
[hadoop@localhost conf]$ touch hive-site.xml        #创建配置文件
[hadoop@localhost conf]$ gedit hive-site.xml        #打开配置文件
#配置信息
<?xml version="1.0" encoding="UTF-8" standalone="no"?>
<?xml-stylesheet type="text/xsl" href="configuration.xsl"?>
<configuration>
   <property>
      <!--配置 JDBC 连接地址，并创建名为 hive 的数据库-->
      <name>javax.jdo.option.ConnectionURL</name>
      <value>jdbc:mysql://localhost:3306/hive?createDatabase
IfNotExist=true</value>
   </property>
   <property>
      <!--配置 JDBC 驱动-->
      <name>javax.jdo.option.ConnectionDriverName</name>
      <value>com.mysql.cj.jdbc.Driver</value>
   </property>
   <property>
      <!--配置连接 MySQL 的用户名-->
      <name>javax.jdo.option.ConnectionUserName</name>
      <value>root</value>
   </property>
   <property>
      <!--配置连接 MySQL 的密码-->
      <name>javax.jdo.option.ConnectionPassword</name>
      <value>123456</value>
   </property>
   <property>
      <name>hive.metastore.schema.verification</name>
      <value>false</value>
   </property>
</configuration>
```

高手点拨

在“hive-site.xml”配置文件中，首先配置 JDBC 连接地址，并创建名为 hive 的数据库用于存储元数据信息；然后配置 JDBC 驱动；最后分别配置连接 MySQL 的用户名和密码。

步骤 3 执行如下命令，初始化 MySQL，保证 Hive 能够将元数据存储在 MySQL 中，并且能够访问和管理这些元数据。

```
[hadoop@localhost conf]$ schematool -initSchema -dbType mysql
```

步骤 4 执行如下命令和语句，登录 MySQL 并查看现有的数据库，如图 1-22 所示。

```
[hadoop@localhost conf]$ mysql -u root -p
mysql> SHOW DATABASES;
```

步骤 5 启动一个新的终端，执行如下命令，启动 Hive。

```
[hadoop@localhost ~]$ hive
```

步骤 6 切换至原终端，执行如下语句，重新查看 MySQL 中的数据库，验证采用本地模式部署 Hive 是否成功。如果 MySQL 中增加一个名为 hive 的数据库，则证明部署成功，如图 1-23 所示。

```
mysql> SHOW DATABASES;
```

```
+--------------------+
| Database           |
+--------------------+
| information_schema |
| mysql              |
| performance_schema |
| sys                |
+--------------------+
4 rows in set (0.07 sec)
```

图 1-22　MySQL 中的数据库

```
+--------------------+
| Database           |
+--------------------+
| hive               |
| information_schema |
| mysql              |
| performance_schema |
| sys                |
+--------------------+
5 rows in set (0.04 sec)
```

图 1-23　启动 Hive 后 MySQL 中的数据库

项目实施 3 ——采用远程模式部署 Hive

1. 准备环境

采用远程模式部署 Hive 需要将 Hive 和 MySQL 安装在不同的主机上。Hadoop 完全分布式集群既可以提供集群环境，又可以提供不同的主机，因此推荐在 Hadoop 完全分布式集群中采用远程模式部署 Hive。采用远程模式部署 Hive 时，需要准备 3 台

采用远程模式部署 Hive

主机，每台主机的详细介绍如表 1-2 所示。

表 1-2　3 台主机的详细介绍

序　号	主机名	IP 地址/子网掩码	软　件
1	Master（主节点/子节点）	192.168.1.11/255.255.255.0	JDK、Hadoop
2	Worker1（子节点）	192.168.1.12/255.255.255.0	JDK、Hadoop、Hive、MySQL
3	Worker2（子节点）	192.168.1.13/255.255.255.0	JDK、Hadoop、Hive

步骤 1 启动第 1 台主机的终端，执行如下命令，打开“hostname”配置文件；然后删除文件中的所有内容并添加如下配置信息，将主机名修改为“Master”；最后保存并关闭配置文件。

```
[hadoop@localhost ~]$ sudo vim /etc/hostname
#配置信息
Master
```

步骤 2 执行如下命令，打开“ifcfg-ens160”配置文件；然后在文件末尾添加如下配置信息，设置静态 IP 地址和子网掩码；最后保存并关闭配置文件。

```
[hadoop@localhost ~]$ sudo vim /etc/sysconfig/network-scripts
/ifcfg-ens160
#配置信息
IPADDR=192.168.1.11
NETMASK=255.255.255.0
```

步骤 3 使用同样的方法修改其余两台主机的主机名、静态 IP 地址和子网掩码。

步骤 4 分别在 3 台主机的终端执行如下命令，打开“hosts”配置文件；然后在文件末尾添加如下配置信息，设置主机名与 IP 地址的映射关系，确保用户可以直接使用主机名访问相应的 IP 地址；最后保存并关闭配置文件。

```
[hadoop@localhost ~]$ sudo vim /etc/hosts
#配置信息
192.168.1.11  Master
192.168.1.12  Worker1
192.168.1.13  Worker2
```

小提示

“hosts”文件中原有的内容不要删除，然后根据自己创建的 3 台主机的主机名和 IP 地址添加配置信息。

步骤 5 重启 3 台主机。

步骤 6 启动 Master 主机的终端，执行如下命令，验证 Master 主机和 Worker1 主机的 IP 地址和映射关系是否配置成功。如果出现“time= ”，则证明配置成功，如图 1-24 所示。

```
[hadoop@Master ~]$ ping Worker1 -c 3
```

```
[hadoop@Master ~]$ ping Worker1 -c 3
PING Worker1 (192.168.1.12) 56(84) bytes of data.
64 bytes from Worker1 (192.168.1.12): icmp_seq=1 ttl=64 time=0.486 ms
64 bytes from Worker1 (192.168.1.12): icmp_seq=2 ttl=64 time=0.209 ms
64 bytes from Worker1 (192.168.1.12): icmp_seq=3 ttl=64 time=0.216 ms
```

图 1-24 验证 Master 主机和 Worker1 主机的连通性

步骤 7 使用同样的方法验证 Master 主机和 Worker2 主机的 IP 地址和映射关系是否配置成功。

步骤 8 在 Master 主机上执行如下命令，关闭防火墙，保证 Hadoop 集群的节点之间能够相互通信。关闭防火墙的过程中，如果打开认证窗口，输入密码，然后单击“认证”按钮。

```
[hadoop@Master ~]$ systemctl stop firewalld.service
[hadoop@Master ~]$ systemctl disable firewalld.service
```

步骤 9 使用同样的方法关闭 Worker1 和 Worker2 主机的防火墙。

2. 设置 SSH 免密登录

步骤 1 在 Master 主机上执行如下命令，设置 SSH 免密登录，以便操作主机。

```
#登录主机，登录过程中根据提示信息输入“yes”或密码
[hadoop@Master ~]$ ssh localhost
[hadoop@Master ~]$ cd ~/.ssh
#生成 SSH 密钥对，生成过程中根据提示信息按 3 次“Enter”键
[hadoop@Master.ssh]$ ssh-keygen -t rsa
#将生成的公钥追加到“authorized_keys”文件中
[hadoop@Master.ssh]$ cat ./id_rsa.pub >> ./authorized_keys
#设置“authorized_keys”文件的权限为 600，保护私钥的安全性
[hadoop@Master.ssh]$ chmod 600 ~/.ssh/authorized_keys
```

步骤 2 使用同样的方法设置 Worker1 和 Worker2 主机的 SSH 免密登录。

步骤 3 在 Master 主机上执行如下命令，将 Master 主机的公钥文件复制到 Worker1 和 Worker2 主机中。复制过程中根据提示信息输入“yes”和 Worker1 或 Worker2 主机的密码。

```
[hadoop@Master .ssh]$ scp ./id_rsa.pub hadoop@Worker1:/home/
hadoop/
[hadoop@Master .ssh]$ scp ./id_rsa.pub hadoop@Worker2:/home/
hadoop/
```

步骤 4 在 Worker1 主机上执行如下命令，追加 Master 主机的公钥，以便 Master 主机免密访问 Worker1 主机。

```
[hadoop@Worker1 .ssh]$ cat ~/id_rsa.pub >> ~/.ssh/authorized_keys
```

步骤 5 使用同样的方法在 Worker2 主机中追加 Master 主机的公钥。

步骤 6 在 Master 主机上执行如下命令，访问 Worker1 主机。如果不需要输入密码即可成功访问，则证明 SSH 免密登录设置成功。

```
[hadoop@Master .ssh]$ ssh Worker1
```

步骤 7 在 Master 主机上执行如下命令，退出 Worker1 主机。

```
[hadoop@Worker1 ~]$ exit
```

步骤 8 使用同样的方法验证 Master 主机能否免密访问 Worker2 主机。

3. 部署 Hadoop 完全分布式集群

步骤 1 参考项目实施 1，分别在 3 台主机中安装 JDK 和 Hadoop。

步骤 2 在 Master 主机上执行如下命令，打开“workers”配置文件；然后删除文件中的所有内容并添加如下配置信息，指定 Hadoop 集群中所有的子节点；最后保存并关闭配置文件。

```
[hadoop@Master ~]$ cd /usr/local/hadoop/etc/hadoop
[hadoop@Master hadoop]$ vim workers
#配置信息
Master
Worker1
Worker2
```

步骤 3 在 Master 主机上执行如下命令，打开“core-site.xml”配置文件；然后在<configuration>标签下方添加如下配置信息；最后保存并关闭配置文件。

```
[hadoop@Master hadoop]$ gedit core-site.xml
#配置信息
<property>
    <!--配置 Hadoop 集群的默认文件系统，其中 Master 为主节点的主机名-->
    <name>fs.defaultFS</name>
    <value>hdfs://Master:9000</value>
</property>
<property>
    <!--指定 Hadoop 运行时使用的临时目录路径-->
    <name>hadoop.tmp.dir</name>
```

```
    <value>file:/usr/local/hadoop/tmp</value>
</property>
```

步骤 4 在 Master 主机上执行如下命令，打开“hdfs-site.xml”配置文件；然后在<configuration>标签下方添加如下配置信息；最后保存并关闭配置文件。

```
[hadoop@Master hadoop]$ gedit hdfs-site.xml
#配置信息
<property>
    <!--配置 SecondaryNameNode 的 HTTP 服务地址-->
    <name>dfs.namenode.secondary.http-address</name>
    <value>Master:50090</value>
</property>
<property>
    <!--配置 HDFS 副本数，与 DataNode 节点数量一致-->
    <name>dfs.replication</name>
    <value>3</value>
</property>
<property>
    <!--配置 NameNode 节点的元数据目录-->
    <name>dfs.namenode.name.dir</name>
    <value>file:/usr/local/hadoop/tmp/dfs/name</value>
</property>
<property>
    <!--配置 DataNode 节点的数据目录-->
    <name>dfs.datanode.data.dir</name>
    <value>file:/usr/local/hadoop/tmp/dfs/data</value>
</property>
<property>
    <!--配置 NameService，与 core-site.xml 中主节点的主机名保持一致-->
    <name>dfs.nameservice</name>
    <value>Master</value>
</property>
```

步骤 5 在 Master 主机上执行如下命令，打开“mapred-site.xml”配置文件；然后在<configuration>标签下方添加如下配置信息；最后保存并关闭配置文件。

```
[hadoop@Master hadoop]$ gedit mapred-site.xml
#配置信息
<property>
    <name>mapreduce.framework.name</name>
    <value>yarn</value>
</property>
```

步骤6 在Master主机上执行如下命令，打开“yarn-site.xml”配置文件；然后在<configuration>标签下方添加如下配置信息；最后保存并关闭配置文件。

```
[hadoop@Master hadoop]$ gedit yarn-site.xml
#配置信息
<property>
    <!--配置 YARN 的 ResourceManager 的地址-->
    <name>yarn.resourcemanager.hostname</name>
    <value>Master</value>
</property>
<property>
    <!--配置 YARN 的 NodeManager 的辅助服务-->
    <name>yarn.nodemanager.aux-services</name>
    <value>mapreduce_shuffle</value>
</property>
<property>
    <name>yarn.application.classpath</name>
    <value>/usr/local/hadoop/etc/hadoop:/usr/local/hadoop/share
/hadoop/common/lib/*:/usr/local/hadoop/share/hadoop/common/*:/usr/
local/hadoop/share/hadoop/hdfs:/usr/local/hadoop/share/hadoop/
hdfs/lib/*:/usr/local/hadoop/share/hadoop/hdfs/*:/usr/local/hadoop/
share/hadoop/mapreduce/*:/usr/local/hadoop/share/hadoop/yarn:/
usr/local/hadoop/share/hadoop/yarn/lib/*:/usr/local/hadoop/share
/hadoop/yarn/*</value>
</property>
```

步骤7 在Master主机上执行如下命令，将“/usr/local/hadoop/etc/hadoop”目录中的所有配置文件复制到Worker1和Worker2主机中，避免重复配置操作。

```
[hadoop@Master hadoop]$ scp -r /usr/local/hadoop/etc/hadoop/*
Worker1:/usr/local/hadoop/etc/hadoop/
```

```
[hadoop@Master hadoop]$ scp -r /usr/local/hadoop/etc/hadoop/*
Worker2:/usr/local/hadoop/etc/hadoop/
```

步骤 8 在 Master 主机上执行如下命令，格式化 NameNode。

```
[hadoop@Master hadoop]$ hdfs namenode -format
```

步骤 9 在 Master 主机上执行如下命令，启动 HDFS 和 YARN。

```
[hadoop@Master hadoop]$ start-dfs.sh
[hadoop@Master hadoop]$ start-yarn.sh
```

步骤 10 在 Master 主机上执行如下命令，查看进程。若显示的进程中含有 NodeManager、SecondaryNameNode、DataNode、ResourceManager 和 NameNode，则证明主节点启动成功，如图 1-25 所示。

```
[hadoop@Master hadoop]$ jps
```

```
4161 NodeManager
3781 SecondaryNameNode
3558 DataNode
4022 ResourceManager
4554 Jps
3371 NameNode
```

图 1-25　主节点进程

步骤 11 在 Worker1 主机上执行如下命令，查看进程。若显示的进程中含有 NodeManager 和 DataNode，则证明子节点启动成功，如图 1-26 所示。

```
[hadoop@Worker1 ~]$ jps
```

```
3649 Jps
3401 NodeManager
3275 DataNode
```

图 1-26　子节点进程

4. 部署 HiveServer2 与 Beeline

步骤 1 在 Master 主机上执行如下命令，打开“core-site.xml”配置文件；然后在 <configuration>标签下方添加如下配置信息，设置所有用户可以代理 hadoop 用户，保证代理用户能够以 hadoop 用户的身份执行相关操作；最后保存并关闭配置文件。

```
[hadoop@Master ~]$ cd /usr/local/hadoop/etc/hadoop
[hadoop@Master hadoop]$ gedit core-site.xml
#配置信息
<property>
    <name>hadoop.proxyuser.hadoop.hosts</name>
    <value>*</value>
```

```
</property>
<property>
    <name>hadoop.proxyuser.hadoop.groups</name>
    <value>*</value>
</property>
```

步骤 2 使用同样方法，在 Worker1 和 Worker2 主机的“core-site.xml”配置文件中添加配置信息，设置所有用户可以代理 hadoop 用户。

高手点拨

后续操作中，Worker2 主机需要远程访问 Worker1 主机，因此要设置用户的访问权限，允许 Worker2 主机访问 Worker1 主机，并能够以 hadoop 用户的身份执行相关操作。本书中，Worker1 主机的用户名为“hadoop”，因此配置信息为 hadoop.proxyuser.hadoop.groups。实际操作中，读者只需要根据自己的用户名修改 hadoop.proxyuser.<用户名>.groups 中的<用户名>。

步骤 3 在 Master 主机上，重启 Hadoop 集群。

步骤 4 参考项目实施 1 和项目实施 2，在 Worker1 主机中采用本地模式部署 Hive。

步骤 5 参考项目实施 1，在 Worker2 主机中安装 Hive。

步骤 6 在 Worker1 主机上执行如下命令和语句，修改 MySQL 用户 root 的连接主机限制，允许从任何主机上连接 MySQL，以便 Worker2 主机远程登录 MySQL。

```
#登录 MySQL
[hadoop@Worker1 ~]$ mysql -u root -p
#切换至数据库 mysql，该数据库中包含 MySQL 的用户及其权限信息
mysql> USE mysql;
#设置 root 用户可以从任何主机连接到 MySQL 数据库
mysql> UPDATE user SET host="%" WHERE user="root";
#刷新 MySQL 的权限表，使权限更改立即生效
mysql> FLUSH PRIVILEGES;
#退出 MySQL
mysql> EXIT;
```

步骤 7 在 Worker1 主机上执行如下命令，启动 HiveServer2 服务。

```
[hadoop@Worker1 ~]$ hiveserver2
```

高手点拨

启动 HiveServer2 服务的方式有两种。

```
hiveserver2                          #方式一
hive -- service hiveserver2 &        #方式二
```

使用第一种方式启动 HiveServer2 服务时，不能关闭当前窗口，否则会停止 HiveServer2 服务。使用第二种方式可以后台启动 HiveServer2 服务。

按“Ctrl+Shift+Z”组合键可以关闭 HiveServer2 服务。

步骤 8 在 Worker1 主机上启动一个新的终端，执行如下命令，查看进程，验证 HiveServer2 服务是否启动成功。若显示的进程中包含 RunJar，则证明 HiveServer2 服务启动成功，如图 1-27 所示。

```
[hadoop@Worker1 ~]$ jps
```

```
[hadoop@Worker1 ~]$ jps
3362 DataNode
238944 RunJar
239087 Jps
3502 NodeManager
```

图 1-27 启动的进程

步骤 9 在 Worker2 主机上执行如下命令，新建并打开“hive-site.xml”配置文件；然后在文件中添加如下配置信息，使用 Worker1 主机的元数据服务存储元数据；最后保存并关闭配置文件。

```
[hadoop@Worker2 ~]$ cd /usr/local/hive
[hadoop@Worker2 hive]$ touch ./conf/hive-site.xml
[hadoop@Worker2 hive]$ gedit ./conf/hive-site.xml
#配置信息
<?xml version="1.0" encoding="UTF-8" standalone="no"?>
<?xml-stylesheet type="text/xsl" href="configuration.xsl"?>
<configuration>
   <property>
      <!--指定Hive不开启本地模式，否则会默认使用本地Metastore服务-->
      <name>hive.metastore.local</name>
      <value>false</value>
   </property>
   <property>
```

```
        <!--配置 Metastore 服务地址，Worker1 即为服务端的主机名-->
        <name>hive.metastore.uris</name>
        <value>thrift://Worker1:9083</value>
    </property>
</configuration>
```

步骤 10 在 Worker2 主机上执行如下命令，启动 Beeline 工具远程连接 Worker1 主机的 HiveServer2 服务，验证采用远程模式部署 Hive 是否成功。连接 HiveServer2 服务时，需要输入 Worker1 主机 hadoop 用户的登录密码，输入密码后出现“0: jdbc:hive2://Worker1:10000/>”提示符，则证明部署成功，如图 1-28 所示。

```
[hadoop@Worker2 hive]$ beeline --hiveconf hive.server2.logging.
operation.level=NONE -u jdbc:hive2://Worker1:10000 -n hadoop -p
```

```
Connecting to jdbc:hive2://Worker1:10000/;user=hadoop
Enter password for jdbc:hive2://Worker1:10000/: *
Connected to: Apache Hive (version 3.1.3)
Driver: Hive JDBC (version 3.1.3)
Transaction isolation: TRANSACTION_REPEATABLE_READ
Beeline version 3.1.3 by Apache Hive
0: jdbc:hive2://Worker1:10000/>
```

图 1-28　连接 HiveServer2 服务成功界面

高手点拨

启动 Beeline 工具并连接到指定的 HiveServer2 服务的方式有两种。

（1）首先启动 Beeline 工具，然后连接到指定的 HiveServer2 服务，命令格式如下。

```
beeline
!connect jdbc:hive2://<host>:<port>
```

接着输入 HiveServer2 服务所在主机的用户名并按“Enter”键；最后输入 HiveServer2 服务所在主机的密码并按“Enter”键。

（2）启动 Beeline 工具时连接到指定的 HiveServer2 服务，命令格式如下。

```
beeline -u jdbc:hive2://<host>:<port> -n <username> -p <password>
```

其中，<host>为 HiveServer2 服务所在主机的主机名或 IP 地址；<port>为 HiveServer2 服务的端口号；-n <username>用于指定 HiveServer2 服务所在主机的用户名；-p <password>用于指定用户名对应的密码。

使用 Beeline 工具执行查询语句时，会出现大量的日志信息。可以在启动 Beeline 工具时设置日志级别为 NONE，即不显示日志信息，命令格式如下。

```
beeline --hiveconf hive.server2.logging.operation.level=NONE
-u jdbc:hive2://<host>:<port> -n -p
```

步骤 11 在 Worker2 主机上执行如下命令，断开远程连接。

```
0: jdbc:hive2://Worker1:10000/> !quit
```

项目实训

1. 实训目的

（1）熟练采用远程模式部署 Hive。

（2）熟练使用 HiveServer2 和 Beeline 工具。

2. 实训内容

（1）采用远程模式部署 Hive。

（2）在服务端启动 MySQL 和 HiveServer2 服务。

（3）在客户端使用 Beeline 工具连接 HiveServer2，访问服务端。

（4）在客户端执行如下语句，查看当前的数据库。

```
0: jdbc:hive2://Worker1:10000/> SHOW DATABASES;
```

3. 实训小结

按要求完成实训内容，并将实训过程中遇到的问题和解决办法记录在表 1-3 中。

表 1-3　实训过程中遇到的问题和解决办法

序　号	主要问题	解决办法
1		
2		
3		
4		
5		

项目总结

完成本项目的学习与实践后，请总结应掌握的重点内容，并将图 1-29 中的空白处填写完整。

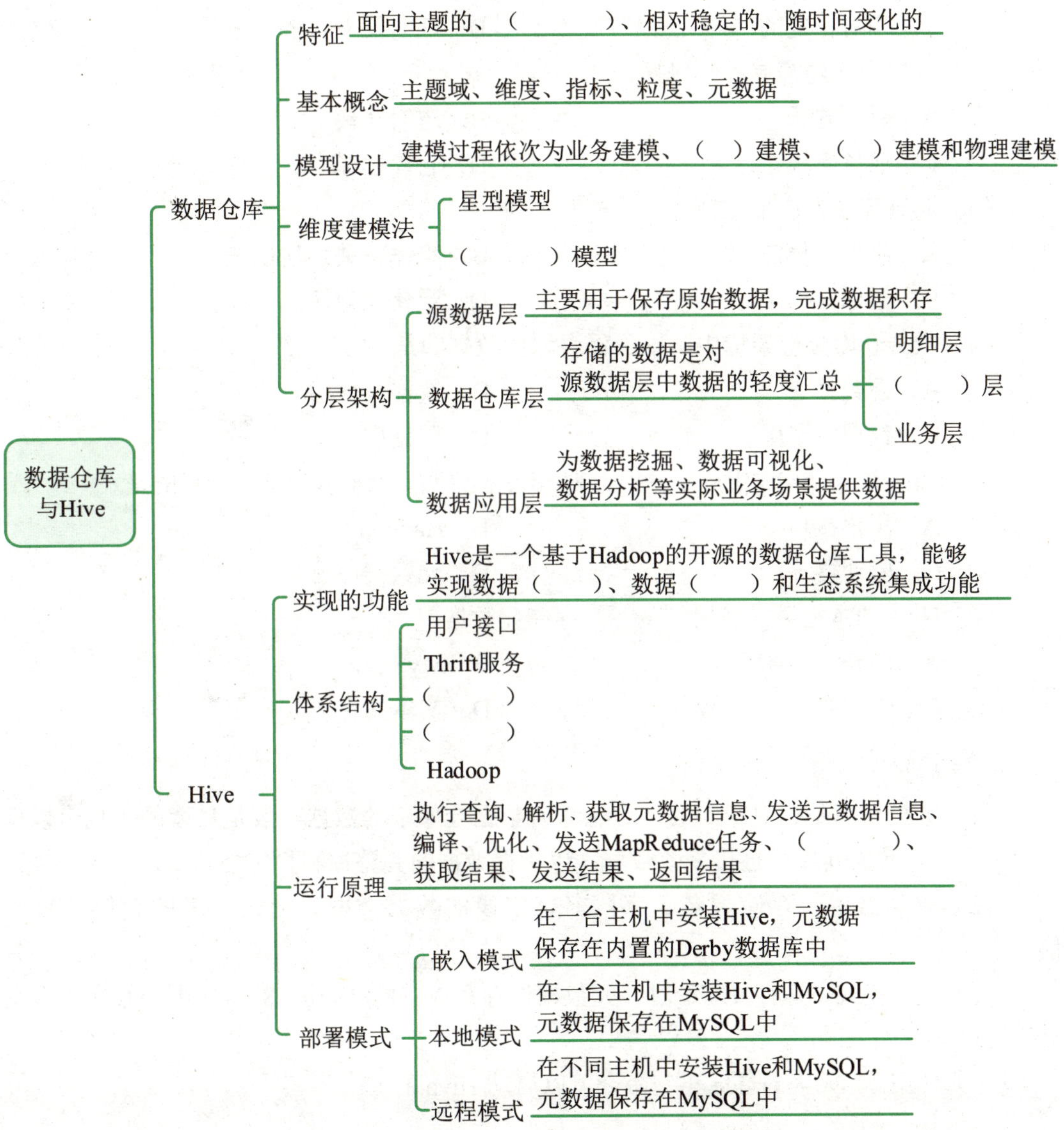

图 1-29　项目总结

项目考核

1．选择题

（1）数据仓库的特征不包括（　　）。

A．面向对象的　　B．集成的

C．相对稳定的　　D．随时间变化的

（2）数据仓库建模过程不包括（　　）。

A．领域建模　　B．逻辑建模

C．业务建模　　D．仓库建模

（3）逻辑建模方法不包括（　　）。

A．维度建模法　　B．实体—关系建模法

C．指标建模法　　D．泛化式建模法

（4）数据仓库分层架构中，用于保存原始数据的是（　　）。

A．源数据层　　B．数据仓库层

C．数据应用层　　D．数据中间层

（5）Hive 体系结构的组成部分中，为 Hive 提供数据存储和分布式计算的是（　　）。

A．用户接口　　B．Hadoop

C．驱动器　　D．元数据库

（6）Hive 的本地模式使用（　　）存储元数据。

A．Derby 数据库　　B．MySQL

C．HDFS　　D．文本文件

2．判断题

（1）数据仓库是相对稳定的，这意味着数据仓库中的数据一般是只读的，也可以理解为不允许在数据仓库中直接修改数据，以确保数据的完整性和稳定性。（　　）

（2）驱动器用于存储表名、字段名、字段的数据类型、分区、表的存储位置等信息。（　　）

（3）嵌入模式下运行 Hive 时，元数据保存在内置的 Derby 数据库中，且允许多个会话连接。（　　）

（4）使用“hive --service cli”命令可以启动 Hive 的 CLI。（　　）

3．简答题

（1）简述数据仓库的每个分层的作用。

（2）简述 Hive 的运行原理。

（3）简述 Hive 的 3 种部署模式。

4. 操作题

（1）搭建 Hadoop 伪分布式集群，并将主机名设置为 hive_node1。

（2）在 hive_node1 主机中，采用本地模式部署 Hive。

项目评价

请学生结合本项目的学习情况，对学习成果进行自评和互评（组内成员相互评分），请指导教师进行师评和总评，并将评价结果填入表 1-4 中。

表 1-4　学习成果评价表

评价项目	评价内容	评价分数			
		分值	自评	互评	师评
项目完成度（20%）	项目准备阶段，回答问题清晰准确，紧扣主题，没有明显错误	5 分			
	项目实施阶段，根据操作步骤完成本项目	5 分			
	项目实训阶段，出色地完成实训内容	5 分			
	项目总结阶段，将项目总结的空白信息补充完整	2 分			
	项目考核阶段，完成考核题目	3 分			
知识（35%）	数据仓库的特征和相关概念	5 分			
	数据仓库的模型设计	5 分			
	维度建模法和数据仓库分层架构	10 分			
	Hive 的体系结构和运行原理	10 分			
	Hive 的 3 种部署模式	5 分			
技能（30%）	采用嵌入模式部署 Hive	10 分			
	采用本地模式部署 Hive	10 分			
	采用远程模式部署 Hive	10 分			
素养（15%）	具有自主学习意识，做好课前准备	5 分			
	善于思考，积极参与，勇于提出问题	5 分			
	具有团队合作精神，出色完成小组任务	5 分			
合计		100 分			
总评	综合得分：________	指导教师签字：________			
	综合等级：________				

注：综合得分可按照“自评（25%）+互评（25%）+师评（50%）”进行计算；综合等级可以“优”（综合得分≥90 分）、“良”（80 分≤综合得分＜90 分）、“中”（60 分≤综合得分＜80 分）、“差”（综合得分＜60 分）为标准进行评价。

项目 2

Hive 基础

项目目标

知识目标

- 掌握 Hive 的数据类型。
- 掌握 Hive 的运算符。
- 掌握 Hive 表的存储格式。

技能目标

- 能够完成数据仓库分层设计。
- 能够设计数据仓库各层中表的结构，包括表的存储格式、字段名、字段的数据类型等。

素养目标

- 掌握编程思路，培养逻辑思维能力。
- 锻炼具体问题具体分析的思维方式，培养一丝不苟的工作态度，增强积极主动寻求解决方法的意识。

项目描述

学习 Hive 的数据类型、运算符和表存储格式等基础知识，可以帮助我们定义表结构、执行数据查询操作。部署完 Hive 的开发环境后，某影视公司计划先对业务需求进行全面剖析，然后设计影视分析数据仓库分层。

项目分析

设计影视分析数据仓库可分为两部分。

（1）需求分析。根据公司的业务规划和业务需求确定从哪些角度分析电影评分数据。

（2）数据仓库分层设计。根据需求分析结果进行数据仓库分层设计，并确定各层中表的结构。

为了能够更合理地设计影视分析数据仓库，本项目将先对 Hive 基础的相关知识进行介绍，包括 Hive 数据类型、Hive 运算符和 Hive 表的存储格式。

项目准备

全班学生以 3～5 人为一组进行分组，各组选出组长。组长组织组员扫码观看“Hive、关系型数据库和非关系型数据库的异同”视频，讨论并回答下列问题。

问题 1：简述 Hive、关系型数据库和非关系型数据库中数据类型的异同。

Hive、关系型数据库和非关系型数据库的异同

问题 2：简述 Hive、关系型数据库和非关系型数据库中运算符的异同。

问题 3：简述 Hive、关系型数据库和非关系型数据库中表存储格式的异同。

2.1 Hive 数据类型

数据类型用于规定数据的存储格式、约束和有效范围。在设计数据仓库的过程中，需要确定 Hive 表中不同字段的数据类型。Hive 提供的数据类型主要分为基本数据类型和复杂数据类型。

2.1.1 基本数据类型

在 Hive 中，基本数据类型包括数值类型、日期/时间类型、字符串类型和其他类型。不同数据类型所占字节和存储范围也不同，基本数据类型的详细介绍如表 2-1 所示。

表 2-1 基本数据类型

数据类型		描述	所占字节	取值范围
数值类型	TINYINT	有符号整数	1 字节	−128～127
	SMALLINT	有符号整数	2 字节	−32 768～32 767
	INT	有符号整数	4 字节	−2 147 483 648～2 147 483 647
	BIGINT	有符号整数	8 字节	−9 223 372 036 854 775 808～9 223 372 036 854 775 807
	FLOAT	单精度浮点数	4 字节	−3.402 823 47E+38～3.402 823 47E+38
	DOUBLE	双精度浮点数	8 字节	−1.797 693 134 862 315 7E+308～1.797 693 134 862 315 7E+308
	DECIMAL	任意精度的带符号小数，声明格式为 DECIMAL (precision, scale)。其中，precision 表示数字的最大位数，取值范围为[1,38]，默认值为 10；scale 表示小数点后的位数，默认值为 0	取决于 precision 的值	取决于 precision 和 scale 的值
日期/时间类型	TIMESTAMP	精确到纳秒的 UNIX 时间戳，各个时区、各个地方所表示的值都相同。格式为 YYYY-MM-DD HH:MM:SS	4 字节	'1970-01-01 00:00:01.000000000' UTC — '2038-01-19 03:14:07.999999999' UTC

表 2-1（续）

数据类型		描　述	所占字节	取值范围
日期/时间类型	DATE	以年、月、日的形式描述日期，格式为 YYYY-MM-DD	3 字节	0000-01-01 — 9999-12-31
字符串类型	STRING	字符串	—	字符长度没有限制
	VARCHAR	变长字符串	数据本身长度+1 字节	字符长度为 1～65 535
	CHAR	定长字符串	取决于定义时指定的字符数	字符长度为 1～255
其他类型	BOOLEAN	布尔类型	1 字节	TRUE 或 FALSE
	BINARY	字节数组	—	—

2.1.2　复杂数据类型

在 Hive 中，复杂数据类型包括数组、映射和结构体。

（1）数组（ARRAY）是一组具有相同数据类型的数据的集合。ARRAY 类型的声明格式如下。

```
ARRAY<data_type>
```

其中，data_type 表示数组中元素的数据类型，可以是任意数据类型。

例如，“names ARRAY<STRING>”表示声明字段 names，该字段为数组类型且数组中元素的数据类型为 STRING。

（2）映射（MAP）是一组键值对元组的集合。映射中的每个元素都是一个由键（key）和值（value）组成的二元组，且每个键都是唯一的。MAP 类型的声明格式如下。

```
MAP<key_type, value_type>
```

其中，key_type 表示键的数据类型，只能是基本数据类型；value_type 表示值的数据类型，可以是任意数据类型。

例如，“score MAP <STRING, DOUBLE>”表示声明字段 score，该字段为映射类型且键的数据类型为 STRING；值的数据类型为 DOUBLE。

（3）结构体（STRUCT）可以封装一组有名字的字段，每个字段的数据类型可以不同。STRUCT 类型的声明格式如下。

```
STRUCT<field1:data_type1, field2:data_type2, …>
```

其中，field1 和 field2 表示字段名；data_type1 和 data_type2 表示字段的数据类型，可以是任意数据类型。

例如，“basic STRUCT<class:STRING, college:STRING>”表示声明字段 basic，该字段为结构体类型且包含两个 STRING 类型的字段 class 和 college。

2.1.3 数据类型转换

在 Hive 中，用户可以根据需要对基本数据类型的数据进行类型转换。数据类型转换可以分为隐式数据类型转换和显式数据类型转换。

1. 隐式数据类型转换

隐式数据类型转换是指，当表达式或操作中含有不同数据类型的值时，Hive 会自动将不同数据类型的值转换为相同的数据类型，以便进行计算或比较。例如，计算“2+3.0”时，Hive 会自动将 2 转换为浮点类型（2.0），然后执行加法操作。

隐式数据类型转换的规则如下。

（1）任何整数类型都可以转换为一个取值范围更大的整数类型。例如，TINYINT 类型可以转换成 INT 类型；INT 类型可以转换成 BIGINT 类型。

（2）TINYINT 类型、SMALLINT 类型和 INT 类型均可以转换成 FLOAT 类型。

（3）所有整数类型、FLOAT 类型和 STRING 类型都可以转换成 DOUBLE 类型。其中，STRING 类型的数据必须能够表示为有效的浮点数。

（4）BOOLEAN 类型不可以转换成任何其他的数据类型。

（5）TIMESTAMP 类型和 DATE 类型可以转换成字符串类型。

2. 显式数据类型转换

显式数据类型转换是指使用函数将原数据类型强制转换为指定的数据类型。在 Hive 中，可以使用 CAST()函数进行显式数据类型转换。CAST()函数的语法格式如下。

```
CAST(expr AS <type>)
```

其中，expr 表示要转换的表达式，<type>表示目标数据类型。例如，“CAST(2.0 AS INT)”表示将 DOUBLE 类型的数据（2.0）转换成整数 2。

2.2 Hive 运算符

运算符用于连接表达式中各种数据类型的操作数，其作用是指明对操作数所执行的运算类型。Hive 内置运算符可分为 4 种类型，分别为算术运算符、关系运算符、逻辑运算符和复杂运算符。

2.2.1 算术运算符

算术运算符用于执行各种常见的算术运算。算术表达式的返回值为数值类型或 NULL。常用的算术运算符包括“+”“–”“*”“/”和“%”等，它们的详细介绍如表 2-2 所示。

表 2-2 常用的算术运算符

算术运算符	支持的数据类型	算术表达式	描 述
+	数值类型	A+B	A 加上 B。若 A 或 B 为 NULL，则返回 NULL
–	数值类型	A–B	A 减去 B。若 A 或 B 为 NULL，则返回 NULL
*	数值类型	A*B	A 乘以 B。若 A 或 B 为 NULL，则返回 NULL
/	数值类型	A/B	A 除以 B。若 A 或 B 为 NULL，则返回 NULL
%	数值类型	A%B	A 除以 B 取余数。若 A 或 B 为 NULL，则返回 NULL

2.2.2 关系运算符

关系运算符又称比较运算符，用于比较两个操作数之间的关系。关系表达式的返回值为 TRUE、FALSE 或 NULL。常用的比较运算符包括“=”“!=”“<”“<=”“>”和“>=”等，它们的详细介绍如表 2-3 所示。

表 2-3 常用的关系运算符

关系运算符	支持的数据类型	关系表达式	描 述
=	基本数据类型	A=B	若 A 等于 B，则返回 TRUE，否则返回 FALSE；若 A 或 B 为 NULL，则返回 NULL
!=	基本数据类型	A!=B	若 A 不等于 B，则返回 TRUE，否则返回 FALSE；若 A 或 B 为 NULL，则返回 NULL
<	基本数据类型	A<B	若 A 小于 B，则返回 TRUE，否则返回 FALSE；若 A 或 B 为 NULL，则返回 NULL
<=	基本数据类型	A<=B	若 A 小于或等于 B，则返回 TRUE，否则返回 FALSE；若 A 或 B 为 NULL，则返回 NULL
>	基本数据类型	A>B	若 A 大于 B，则返回 TRUE，否则返回 FALSE；若 A 或 B 为 NULL，则返回 NULL
>=	基本数据类型	A>=B	若 A 大于或等于 B，则返回 TRUE，否则返回 FALSE；若 A 或 B 为 NULL，则返回 NULL
BETWEEN AND	基本数据类型	C BETWEEN A AND B	如果 C 大于或等于 A 且小于或等于 B，则返回 TRUE，否则返回 FALSE；若 A、B 或 C 为 NULL，则返回 NULL
IS NULL	任意数据类型	A IS NULL	若 A 为 NULL，则返回 TRUE，否则返回 FALSE

表 2-3（续）

关系运算符	支持的数据类型	关系表达式	描　述
LIKE	STRING 类型	A LIKE B	如果字符串 A 与 SQL 简单正则表达式 B 匹配，则返回 TRUE，否则返回 FALSE；若 A 或 B 为 NULL，则返回 NULL
RLIKE	STRING 类型	A RLIKE B	如果 A 的任意子字符串与 Java 正则表达式 B 匹配，则返回 TRUE，否则返回 FALSE；若 A 或 B 为 NULL，则返回 NULL

2.2.3　逻辑运算符

逻辑运算符用于确定表达式的真和假。逻辑表达式的返回值为 TRUE、FALSE 或 NULL。常用的逻辑运算符包括“AND”“OR”和“NOT”等，它们的详细介绍如表 2-4 所示。

表 2-4　常用的逻辑运算符

逻辑运算符	支持的数据类型	逻辑表达式	描　述
AND	BOOLEAN 类型	A AND B	逻辑与，若 A 和 B 都为 TRUE，则返回 TRUE，否则返回 FALSE；若 A 或 B 为 NULL，则返回 NULL
OR	BOOLEAN 类型	A OR B	逻辑或，若 A 或 B 或两者都为 TRUE，则返回 TRUE；若 A 和 B 都为 FALSE，则返回 FALSE；若 A 和 B 都为 NULL，则返回 NULL；若 A 和 B 有一个为 NULL，一个为 FALSE，则返回 NULL
NOT	BOOLEAN 类型	NOT A	逻辑非，若 A 为 TRUE，则返回 FALSE；若 A 为 FALSE，则返回 TRUE；若 A 为 NULL，则返回 NULL

2.2.4　复杂运算符

复杂运算符用于访问或操作复杂类型数据中的元素。复杂运算符的详细介绍如表 2-5 所示。

表 2-5　复杂运算符

复杂运算符	支持的数据类型	描　述
A[n]	ARRAY	返回数组 A 的第 n+1 个元素。其中，n 从 0 开始
M[key]	MAP	返回映射 M 中指定键（key）的值
S.x	STRUCT	返回结构体 S 中 x 字段的值

2.2.5 运算符的优先级

当使用多个运算符进行混合运算时，运算符的优先级决定了表达式的计算顺序。运算符的优先级由高到低排序的结果如表 2-6 所示。

表 2-6 运算符的优先级

优先级	运算符
1	A[n]、M[key]、S.x
2	+（正号）、-（负号）
3	*（乘法）、/（除法）、%（取余）
4	+（加法）、-（减法）
5	=（关系运算符）、!=、<、<=、>、>=、IS NULL、BETWEEN AND、LIKE、RLIKE
6	NOT
7	AND
8	OR

高手点拨

如果运算符的优先级相同，Hive 会按照表达式的顺序从左到右依次计算。为了明确运算次序，可以使用“()”改变运算符的优先级。

2.3 Hive 表的存储格式

在 Hive 中，创建表时需要指定表的存储格式。在学习 Hive 表的存储格式之前，我们先学习一下行式存储和列式存储。行式存储和列式存储的存储方式如图 2-1 所示。

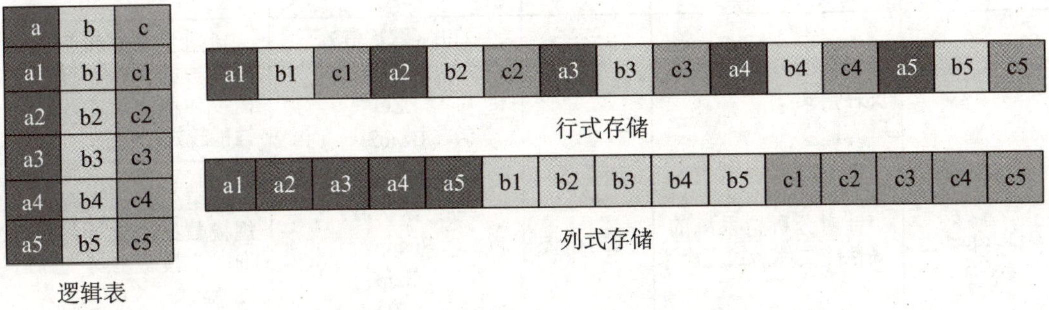

图 2-1 行式存储和列式存储的存储方式

行式存储和列式存储的对比如下。

（1）存储结构。行式存储将每行的数据连续存储在磁盘上；列式存储将每列的数据连续存储在磁盘上。

（2）访问方式。行式存储以行为单位进行读取和写入操作，即一次读取或写入一整行数据；列式存储以列为单位进行读取和写入操作，即一次读取或写入一整列数据。

（3）数据压缩格式。行式存储通常使用基于行的数据压缩格式，可以有效压缩相邻行之间的相似数据；列式存储通常使用基于列的数据压缩格式，可以有效压缩相同列中的相似数据。

（4）冗余数据。行式存储在存储相同的数据时会存在冗余，因为每行的数据都包含相同的列名和数据类型信息；列式存储可以减少数据冗余，因为每列的数据只需存储一次列名和数据类型信息。

（5）适用场景。行式存储适用于需要读取或修改整行数据的操作，如传统的联机事务处理场景；列式存储适用于需要进行聚合、过滤和分析等操作的场景，如大规模数据分析和联机分析处理场景。

在 Hive 中，常用的表存储格式包括 TextFile、SequenceFile、ORC（optimized row columnar）和 Parquet 等，它们的详细介绍如表 2-7 所示。

表 2-7　常用的表存储格式

表存储格式	描　述	存储方式	压缩格式/类型	适用场景
TextFile	以文本形式存储数据，每行数据都以换行符分隔。创建 Hive 表时，默认使用该存储格式存储表中数据	行式存储	不支持压缩	适用于存储和处理简单的非结构化文本数据
SequenceFile	二进制文件格式，将键值对序列化后按顺序存储	行式存储	None（无压缩，默认值） Record（记录压缩） Block（块压缩，常用类型）	适用于顺序读写大规模数据
ORC	存储大规模数据的文件格式	列式存储	Zlib（默认值） Snappy LZO BZip2	适用于存储和分析大规模数据。查询过程中需要访问少量字段时，性能较好
Parquet	针对分析型系统的高性能文件格式	列式存储	Uncompressed（无压缩，默认值） Snappy Gzip LZO	适用于存储和分析大规模数据。执行并行查询、字段裁剪等操作时性能较好

项目实施——设计影视分析数据仓库

电影评分数据文件“ratings.txt”中包含用户 ID（user_id）、电影 ID（movie_id）、性别（sex）、年龄（age）、职业（occupation）、邮政编码（zipcode）、电影名称（movie_name）、电影类型（movie_type）、评分（rate）和评分时间戳（times）等信息，如图 2-2 所示。

```
2::1968::M::56::16::70072::Breakfast Club, The (1985)::Comedy|Drama::2.0::978298881
2::3678::M::56::16::70072::Man with the Golden Arm, The (1955)::Drama::3.0::978299250
2::1244::M::56::16::70072::Manhattan (1979)::Comedy|Drama|Romance::3.0::978299143
2::356::M::56::16::70072::Forrest Gump (1994)::Comedy|Romance|War::5.0::978299686
2::1245::M::56::16::70072::Miller's Crossing (1990)::Drama::2.0::978299200
2::1246::M::56::16::70072::Dead Poets Society (1989)::Drama::5.0::978299418
2::3893::M::56::16::70072::Nurse Betty (2000)::Comedy|Thriller::1.0::978299535
2::1247::M::56::16::70072::Graduate, The (1967)::Drama|Romance::5.0::978298652
3::3421::M::25::15::55117::Animal House (1978)::Comedy::4.0::978298147
3::1641::M::25::15::55117::Full Monty, The (1997)::Comedy::2.0::978298430
3::648::M::25::15::55117::Mission: Impossible (1996)::Action|Adventure|Mystery::3.0::978297867
3::1394::M::25::15::55117::Raising Arizona (1987)::Comedy::4.0::978298147
3::3534::M::25::15::55117::28 Days (2000)::Comedy::3.0::978297068
3::104::M::25::15::55117::Happy Gilmore (1996)::Comedy::4.0::978298486
3::2735::M::25::15::55117::Golden Child, The (1986)::Action|Adventure|Comedy::4.0::978297867
```

图 2-2 “ratings.txt”数据文件的部分内容

1. 需求分析

为了从不同的角度了解各类电影的市场反馈情况和用户的不同需求，某影视公司需要构建一个影视分析数据仓库。使用该数据仓库，该影视公司可以查询并分析电影评分数据，具体如下。

（1）查询评分次数排名前 10 的电影，了解最受用户欢迎的 10 部电影。

（2）查询评分次数最多的电影类型，了解最受用户欢迎的电影类型。

（3）统计不同年龄段用户的评分次数，了解不同年龄段用户对电影的热爱程度。

（4）统计不同性别用户的评分次数，了解不同性别用户对电影的热爱程度。

（5）查询平均评分排名前 3 的电影，了解不同的高品质电影。

（6）查询平均评分排名前 5 的电影类型，了解不同的高品质电影类型。

2. 数据仓库分层设计

结合需求分析结果和数据仓库分层架构将数据仓库分为源数据层、数据仓库层和应用层，详细设计如图 2-3 所示。

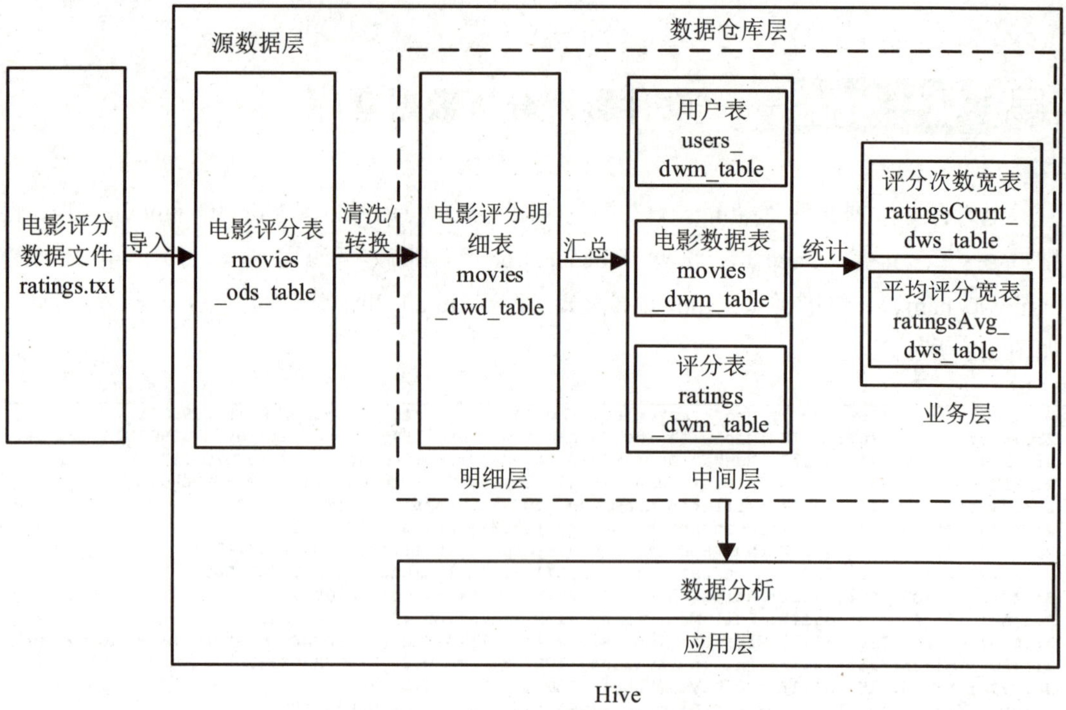

图 2-3　数据仓库分层的详细设计

源数据层的电影评分表 movies_ods_table 存储在数据库 movies_ods_database 中，该表采用 TextFile 存储格式存储数据文件“ratings.txt”中的原始数据。电影评分表 movies_ods_table 的结构如表 2-8 所示。

表 2-8　电影评分表 movies_ods_table 的结构

字段名称	字段类型	描　述	字段名称	字段类型	描　述
user_id	BIGINT	用户 ID	zipcode	STRING	用户所在地区的邮政编码
movie_id	BIGINT	电影 ID	movie_name	STRING	电影名称
sex	STRING	用户性别	movie_type	STRING	电影类型
age	INT	用户年龄	rate	DOUBLE	电影评分
occupation	STRING	用户职业	times	STRING	用户评价电影时的时间戳

数据仓库层分为明细层、中间层和业务层。

明细层的电影评分明细表 movies_dwd_table 存储在数据库 movies_dwd_database 中，该表采用 ORC 存储格式存储源数据层清洗或转换后的数据。电影评分明细表 movies_dwd_table 的结构包括源数据层电影评分表 movies_ods_table 中的所有字段和 STRING 类型的电影上映时间字段 release_year。

中间层用于存储明细层的汇总数据，该层中的表存储在数据库 movies_dwm_database 中。

中间层的用户表 users_dwm_table 采用 ORC 存储格式存储用户信息数据，该表的结构如表 2-9 所示。

表 2-9 用户表 users_dwm_table 的结构

字段名称	字段类型	描　述	字段名称	字段类型	描　述
user_id	BIGINT	用户 ID	zipcode	STRING	用户所在地区的邮政编码
age	INT	用户年龄	sex	STRING	用户性别
occupation	STRING	用户职业	—	—	—

中间层的电影数据表 movies_dwm_table 采用 ORC 存储格式存储电影信息数据，该表的结构如表 2-10 所示。

表 2-10 电影数据表 movies_dwm_table 的结构

字段名称	字段类型	描　述	字段名称	字段类型	描　述
movie_id	BIGINT	电影 ID	movie_type	STRING	电影类型
movie_name	STRING	电影名称	release_year	STRING	电影上映时间

中间层的评分表 ratings_dwm_table 采用 ORC 存储格式存储电影评分数据，该表的结构如表 2-11 所示。

表 2-11 评分表 ratings_dwm_table 的结构

字段名称	字段类型	描　述	字段名称	字段类型	描　述
user_id	BIGINT	用户 ID	rate	DOUBLE	电影评分
movie_id	BIGINT	电影 ID	times	STRING	用户评价电影时的时间戳

根据需求分析中查询和统计的电影评分数据，可以确定两个用于影视分析的指标，分别为评分次数和平均评分。业务层的宽表主要用于存储评分次数指标数据和平均评分指标数据，该层中的表存储在数据库 movies_dws_database 中。

业务层的评分次数宽表 ratingsCount_dws_table 采用 ORC 存储格式存储评分次数指标数据，该表的结构如表 2-12 所示。

表 2-12 评分次数宽表 ratingsCount_dws_table 的结构

字段名称	字段类型	描　述
ratingcount	INT	评分次数
movie_name	STRING	电影名称
movie_type	STRING	电影类型
age	INT	用户年龄
sex	STRING	用户性别
group_type	STRING	维度，包括 1、2、3 和 4。其中，1 表示电影名称维度；2 表示电影类型维度；3 表示用户年龄段维度；4 表示用户性别维度
release_year	STRING	电影上映时间

业务层的平均评分宽表 ratingsAvg_dws_table 采用 ORC 存储格式存储平均评分指标数据，该表的结构如表 2-13 所示。

表 2-13　平均评分宽表 ratingsAvg_dws_table 的结构

字段名称	字段类型	描　述
ratingavg	DOUBLE	平均评分
movie_name	STRING	电影名称
movie_type	STRING	电影类型
group_type	STRING	维度，包括 1 和 2。其中，1 表示电影名称维度；2 表示电影类型维度
release_year	STRING	电影上映时间

素养之窗

数据仓库的发展经历了三个时代，早期是以 Teradata 为代表的商业数据仓库时代，中期是以 Hadoop 为代表的开源大数据时代，目前是云和智能化数据仓库时代。

在这期间，国产数据仓库也在不断发展壮大。在当下这个云和智能化数据仓库时代，华为的 FusionInsigh、阿里云的 AnalyticDB、腾讯的 TDSQL 和中兴的大数据平台等都具有出色的表现。

中国移动使用华为的 FusionInsight 支撑网络数据业务；中国电信使用阿里云的 AnalyticDB 支撑海量用户数据分析业务。这些都充分说明了国产数据仓库正在全国各地落地开花，为各行各业的数字化转型提供了有力支持。

项目实训

1. 实训目的

（1）掌握 Hive 的常用数据类型和表存储格式。

（2）熟悉数据仓库的分层设计方法。

2. 实训内容

电信运营商用户手机信息数据文件“phone.txt”包含手机号码前缀（phone_no）、手机号码段（phone_numpart）、手机号码对应的省份（province）、手机号码对应的城市（city）、运营商（telecom）、邮政编码（zipcode）、区号（areacode）和行政划分代码（administrativecode）等信息，如图 2-4 所示。其中，各字段间的分隔符是由 Tab 键输入的制表符。

130	1300000	山东	济南	联通	250000	0531	370100
130	1300001	江苏	常州	联通	213000	0519	320400
130	1300002	安徽	巢湖	联通	238000	0551	340181
130	1300003	四川	宜宾	联通	644000	0831	511500
130	1300004	四川	自贡	联通	643000	0813	510300
130	1300005	陕西	西安	联通	710000	029	610100
130	1300006	江苏	南京	联通	210000	025	320100
130	1300007	陕西	西安	联通	710000	029	610100
130	1300008	湖北	武汉	联通	430000	027	420100
130	1300009	陕西	西安	联通	710000	029	610100
130	1300010	北京	北京	联通	100000	010	110100
130	1300011	北京	北京	联通	100000	010	110100

图 2-4 “phone.txt”数据文件的部分内容

小提示

手机号码段（phone_numpart）为手机号码的前 7 位数字。

用户上网日志记录数据文件“http.log”中包含手机号码段（phone_numpart）、请求网站的链接（web）、上行流量（upstream）和下行流量（downstream）等信息，如图 2-5 所示。其中，各字段间的分隔符是由 Tab 键输入的制表符。

```
1300002     http://movie.youku.com    699    3316
1300006     http://movie.youku.com    663    15584
1300006     http://blog.csdn.net/article/details/18565522      12094 151
1300006     http://www.edu360.cn      60     8063
1300007     http://blog.csdn.net/article/details/18565522      1095   95
1300007     http://movie.youku.com    7809   9761
1300008     https://www.jianshu.com/p/bb88f7520b33      10166 1848
1300012     https://www.jianshu.com/p/bb88f7520b33      1472   702
1300016     https://www.jianshu.com/p/bb88f7111b9e      755    15183
```

图 2-5 “http.log”数据文件的部分内容

为了从不同的角度了解网站的流量，网站平台需要构建一个网站流量分析数据仓库。

（1）根据以下业务需求，对网站流量分析数据仓库进行分层设计。

① 查询总流量排名前 3 的网站。

② 查询总流量排名第 1 的手机号码段。

③ 查询总流量排名前 3 的省份。

④ 查询总流量排名前 3 的运营商。

⑤ 查询总流量排名前 3 的城市。

高手点拨

流量 = 上行流量+下行流量

（2）设计数据仓库各层中表的结构，包括表的存储格式、表中的字段、表中字段的数据类型。

3．实训小结

按要求完成实训内容，并将实训过程中遇到的问题和解决办法记录在表 2-14 中。

表 2-14　实训过程中遇到的问题和解决办法

序　号	主要问题	解决办法
1		
2		
3		
4		
5		

项目总结

完成本项目的学习与实践后，请总结应掌握的重点内容，并将图 2-6 中的空白处填写完整。

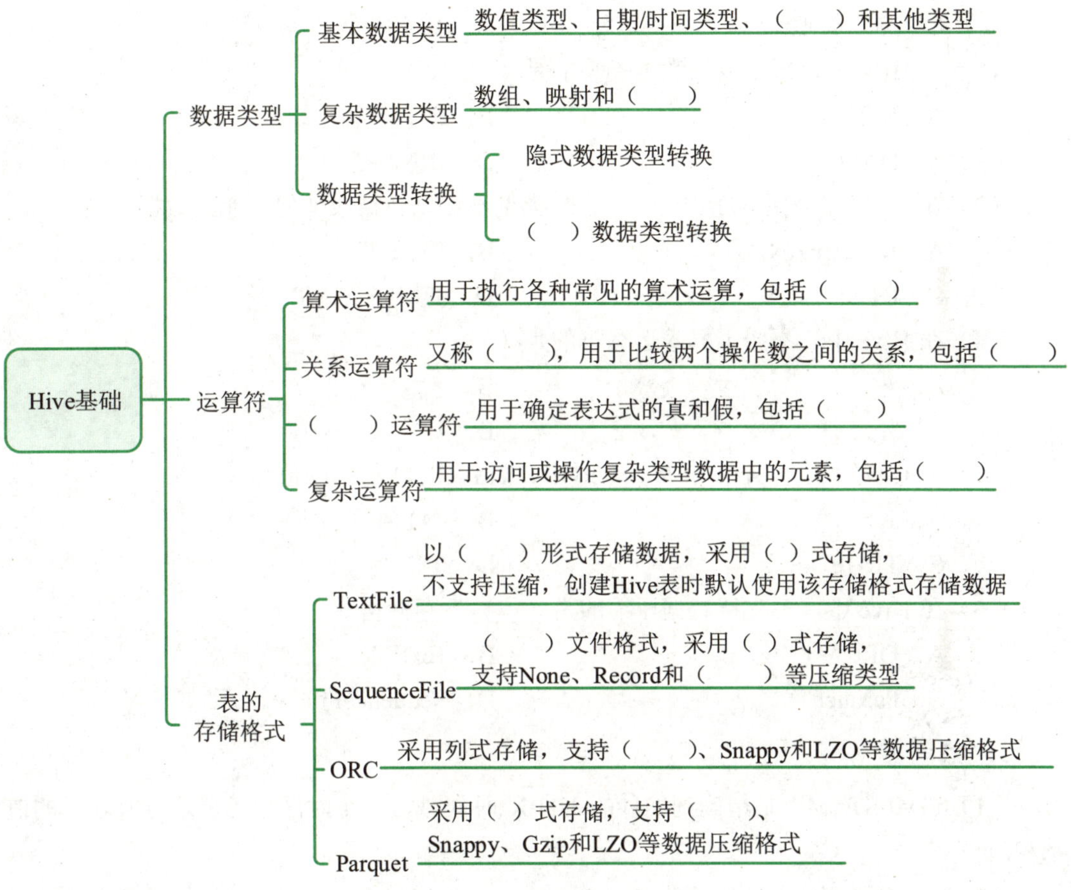

图 2-6　项目总结

项目考核

1. 选择题

（1）在 Hive 中，不属于基本数据类型的是（　　）。

A．数值类型　　B．日期/时间类型

C．布尔类型　　D．数组类型

（2）在 Hive 中，属于复杂数据类型的是（　　）。

A．STRUCT　　B．INT

C．DATE　　D．BINARY

（3）在隐式数据类型转换中，（　　）类型不可以转换成任何其他的数据类型。

A．BOOLEAN　　B．STRING

C．INT　　D．TIMESTAMP

（4）在 Hive 中，不属于算术运算符的是（　　）。

A．+　　B．>

C．%　　D．*

（5）在 Hive 中，若 A 和 B 都为 TRUE，则 A OR B 的返回值为（　　）。

A．1　　B．FALSE

C．TRUE　　D．0

（6）在 Hive 中，不支持数据压缩的是（　　）存储格式。

A．ORC　　B．TextFile

C．Parquet　　D．SequenceFile

2. 判断题

（1）TIMESTAMP 是精确到纳秒的 UNIX 时间戳，各个时区、各个地方所表示的值都相同。（　　）

（2）MAP 类型的声明格式为 MAP<key_type, value_type>，通过复杂运算符 M.key 可以访问集合中的元素。（　　）

（3）在 Hive 中，可以使用 CAST()函数进行隐式数据类型转换。（　　）

（4）A[n]返回数组的第 n 个元素。（　　）

（5）ORC 存储格式采用列式存储的方式存储表中数据。（　　）

3. 简答题

（1）简述隐式数据类型转换的规则。

（2）简述行式存储和列式存储的区别。

（3）简述 Hive 表的 4 种存储格式。

4. 操作题

查找并下载公开数据集，然后根据该数据集进行数据仓库分层设计，并确定各层中表的结构。

项目评价

请学生结合本项目的学习情况，对学习成果进行自评和互评（组内成员相互评分），请指导教师进行师评和总评，并将评价结果填入表 2-15 中。

表 2-15 学习成果评价表

评价项目	评价内容	评价分数			
		分值	自评	互评	师评
项目完成度（20%）	项目准备阶段，回答问题清晰准确，紧扣主题，没有明显错误	5 分			
	项目实施阶段，根据操作步骤完成本项目	5 分			
	项目实训阶段，出色地完成实训内容	5 分			
	项目总结阶段，将项目总结的空白信息补充完整	2 分			
	项目考核阶段，完成考核题目	3 分			
知识（30%）	Hive 数据类型	10 分			
	Hive 运算符	10 分			
	Hive 表的存储格式	10 分			
技能（35%）	完成数据仓库分层设计	15 分			
	设计数据仓库各层中表的结构	20 分			
素养（15%）	具有自主学习意识，做好课前准备	5 分			
	善于思考，积极参与，勇于提出问题	5 分			
	具有团队合作精神，出色完成小组任务	5 分			
合计		100 分			
总评	综合得分：________	指导教师签字：________			
	综合等级：________				

注：综合得分可按照“自评（25%）+互评（25%）+师评（50%）”进行计算；综合等级可以“优”（综合得分≥90 分）、“良”（80 分≤综合得分＜90 分）、“中”（60 分≤综合得分＜80 分）、“差”（综合得分＜60 分）为标准进行评价。

项目 3

Hive 数据定义

项目目标

知识目标

- 掌握数据库基本操作的语法格式。
- 掌握表基本操作的语法格式。
- 掌握视图基本操作的语法格式。

技能目标

- 能够创建、显示、切换和删除数据库，并查看和修改数据库信息。
- 能够创建、显示、修改和删除不同类型的表，并查看表信息。
- 能够显示分区、添加分区、查看分区信息、移动分区和删除分区。
- 能够创建、显示和删除视图，并查看视图信息。

素养目标

- 培养从整体角度审视问题的能力，并可以将复杂的问题分解成更小的组成部分，以便更快地解决问题。

项目描述

Hive 数据定义指的是在 Hive 中对数据进行结构化和规范化的过程。用户可以使用 Hive 提供的语句创建和管理数据库、创建和管理表、管理分区、创建和管理视图等，实现数据定义的同时对数据进行结构化存储和规范化管理，从而提高数据处理的效率和准确性。Hive 数据定义是数据查询、分析和挖掘的基础。某影视公司计划使用 Hive 提供的语句定义影视分析数据仓库的存储结构，以便后续进行数据处理、查询和统计等。

项目分析

定义影视分析数据仓库的存储结构可以分为 4 部分。

（1）定义源数据层的存储结构。创建数据库 movies_ods_database；然后在该数据库中创建电影评分表 movies_ods_table。

（2）定义数据仓库层中明细层的存储结构。创建数据库 movies_dwd_database；然后在该数据库中创建电影评分明细表 movies_dwd_table。

（3）定义数据仓库层中中间层的存储结构。创建数据库 movies_dwm_database；然后在该数据库中创建用户表 users_dwm_table、电影数据表 movies_dwm_table 和评分表 ratings_dwm_table。

（4）定义数据仓库层中业务层的存储结构。创建数据库 movies_dws_database；然后在该数据库中创建评分次数宽表 ratingsCount_dws_table 和平均评分宽表 ratingsAvg_dws_table。

为了能够准确地定义影视分析数据仓库的存储结构，本项目将先对 Hive 数据定义的相关知识进行介绍，包括数据库的基本操作、表的基本操作、外部表、分区表、桶表、临时表和视图等。

项目准备

全班学生以 3～5 人为一组进行分组，各组选出组长。组长组织组员扫码观看“数据库、表和视图”视频，讨论并回答下列问题。

问题 1：简述数据库、表和视图之间的关系。

数据库、表和视图

问题 2：简述 Hive 中表的类型。

3.1 数据库的基本操作

在 Hive 中，数据库是一个目录或命名空间，用于分类存储表。它不仅可以避免不同表之间的命名冲突，确保表名的唯一性；还可以将具有相关性的表放置在同一个数据库中，方便管理和查询数据。

数据库的基本操作包括创建数据库、显示数据库、查看数据库信息、切换数据库、修改数据库信息和删除数据库等。

3.1.1 创建数据库

创建数据库的语法格式如下。

```
CREATE DATABASE [IF NOT EXISTS] database_name
[COMMENT database_comment]
[LOCATION hdfs_path]
[WITH DBPROPERTIES (property_name=property_value, …)];
```

上述语法格式的详细解释如下。

- CREATE DATABASE：创建数据库的关键字。
- IF NOT EXISTS：可选项，用于判断创建的数据库是否已经存在。若数据库不存在，则创建数据库；否则不执行任何操作。
- database_name：创建的数据库的名称。
- COMMENT database_comment：可选项，用于为数据库添加描述性信息。
- LOCATION hdfs_path：可选项，用于指定数据库在 HDFS 中的存储位置。其中，hdfs_path 表示路径。默认存储位置取决于 Hive 配置文件“hive-site.xml”中参数 hive.metastore.warehouse.dir 指定的存储位置。
- WITH DBPROPERTIES (property_name=property_value, ...)：可选项，用于设置数据库属性。其中，property_name 表示属性名称；property_value 表示属性值。

高手点拨

如果在配置文件"hive-site.xml"中没有设置 hive.metastore.warehouse.dir 参数的值，则会默认使用配置文件"hive-default.xml.template"中 hive.metastore.warehouse.dir 参数的值，即"/user/hive/warehouse"。

【例 3-1】 创建数据库 hive_test，并存放在默认位置。

（1）启动 Master 主机的终端，执行如下命令，启动 HDFS 和 YARN。

```
[hadoop@Master ~]$ start-dfs.sh
[hadoop@Master ~]$ start-yarn.sh
```

（2）启动 Worker1 主机的终端，执行如下命令，启动 HiveServer2 服务。

```
[hadoop@Worker1 ~]$ hiveserver2
```

（3）启动 Worker2 主机的终端，执行如下命令，连接 Worker1 主机上的 HiveServer2 服务。

```
[hadoop@Worker2 ~]$ beeline --hiveconf hive.server2.logging.
operation.level=NONE -u jdbc:hive2://Worker1:10000 -n hadoop -p
```

（4）在 Worker2 主机上执行如下语句，创建数据库。

```
0: jdbc:hive2://Worker1:10000/> CREATE DATABASE hive_test
                              > COMMENT "This is hive_test database"
                              > WITH DBPROPERTIES ("creator"="hive");
```

小提示

如果没有特别说明，本书的案例均在项目 1 部署的 Hive 远程模式下实现。为了排版整洁，后续将提示符"0: jdbc:hive2://Worker1:10000/>"简写为"…/>"。

3.1.2 显示数据库

显示数据库的语法格式如下。

```
--显示所有数据库/符合条件的数据库
SHOW DATABASES [LIKE identifier_with_wildcards];
```

上述语法格式的详细解释如下。

- SHOW DATABASES：显示数据库的关键字。
- LIKE identifier_with_wildcards：可选项，用于筛选符合条件的数据库。其中，LIKE 为模糊查询的关键字；identifier_with_wildcards 用于指定筛选条件。

高手点拨

在 Hive 中，可以使用“--”添加单行注释，使用“/* */”添加多行注释。

【例 3-2】 显示数据库。

（1）执行如下语句，显示所有数据库，结果如图 3-1 所示。

```
.../> SHOW DATABASES;
```

（2）执行如下语句，显示首字母为“h”的数据库，结果如图 3-2 所示。

```
.../> SHOW DATABASES LIKE 'h*';
```

```
0: jdbc:hive2://Worker1:10000/> SHOW DATABASES;
+-----------------+
| database_name   |
+-----------------+
| default         |
| hive_test       |
+-----------------+
```

图 3-1 所有数据库

```
0: jdbc:hive2://Worker1:10000/> SHOW DATABASES LIKE 'h*';
+-----------------+
| database_name   |
+-----------------+
| hive_test       |
+-----------------+
```

图 3-2 首字母为“h”的数据库

3.1.3 查看数据库信息

在 Hive 中，数据库的基本信息包含数据库名称、描述信息、存储位置、所有者和权限；数据库的详细信息除了包含基本信息外，还包含属性信息。查看数据库信息的语法格式如下。

```
--查看数据库的基本信息/详细信息
DESCRIBE DATABASE [EXTENDED] database_name;
```

上述语法格式的详细解释如下。

- DESCRIBE DATABASE：查看数据库信息的关键字。
- EXTENDED：可选项，用于查看数据库的详细信息。

【例 3-3】 查看数据库 hive_test 的信息。

（1）执行如下语句，查看数据库 hive_test 的基本信息，结果如图 3-3 所示。

```
.../> DESCRIBE DATABASE hive_test;
```

```
0: jdbc:hive2://Worker1:10000> DESCRIBE DATABASE hive_test;
+------------+----------------------------+------------------------------------------------------+-------------+-------------+-------------+
| db_name    | comment                    | location                                             | owner_name  | owner_type  | parameters  |
+------------+----------------------------+------------------------------------------------------+-------------+-------------+-------------+
| hive_test  | This is hive_test database | hdfs://Master:9000/user/hive/warehouse/hive_test.db  | hadoop      | USER        |             |
+------------+----------------------------+------------------------------------------------------+-------------+-------------+-------------+
```

图 3-3 数据库 hive_test 的基本信息

（2）执行如下语句，查看数据库 hive_test 的详细信息，结果如图 3-4 所示。

```
.../> DESCRIBE DATABASE EXTENDED hive_test;
```

```
0: jdbc:hive2://Worker1:10000> DESCRIBE DATABASE EXTENDED hive_test;
+------------+----------------------------+----------------------------------------------------+-------------+-------------+----------------+
| db_name    |          comment           |                      location                      | owner_name  | owner_type  |   parameters   |
+------------+----------------------------+----------------------------------------------------+-------------+-------------+----------------+
| hive_test  | This is hive_test database | hdfs://Master:9000/user/hive/warehouse/hive_test.db | hadoop      | USER        | {creator=hive} |
+------------+----------------------------+----------------------------------------------------+-------------+-------------+----------------+
```

图 3-4　数据库 hive_test 的详细信息

3.1.4　切换数据库

使用 Hive 客户端工具 Beeline 或者 CLI 操作 Hive 时，默认使用的数据库为 default。如果需要使用已创建的其他数据库，则需要手动切换。切换数据库的语法格式如下。

```
USE database_name;
```

其中，USE 为切换数据库的关键字。

高手点拨

用户可以执行如下语句查询当前使用的数据库。

```
SELECT CURRENT_DATABASE();
```

【例 3-4】　切换数据库。

（1）执行如下语句，查询当前默认使用的数据库，结果如图 3-5 所示。

```
.../> SELECT CURRENT_DATABASE();
```

（2）执行如下语句，切换数据库，并查询当前使用的数据库，结果如图 3-6 所示。

```
.../> USE hive_test;
.../> SELECT CURRENT_DATABASE();
```

```
0: jdbc:hive2://Worker1:10000/> SELECT CURRENT_DATABASE();
+----------+
|   _c0    |
+----------+
| default  |
+----------+
```

图 3-5　当前默认使用的数据库

```
0: jdbc:hive2://Worker1:10000/> SELECT CURRENT_DATABASE();
+------------+
|    _c0     |
+------------+
| hive_test  |
+------------+
```

图 3-6　当前使用的数据库

3.1.5　修改数据库信息

在 Hive 中，用户可以修改数据库的存储位置、所有者和属性等信息。修改数据库信息的语法格式如下。

```
ALTER DATABASE database_name
[SET LOCATION hdfs_path]
[SET OWNER [USER|ROLE] user_or_role]
[SET DBPROPERTIES(property_name=property_value, ...)];
```

上述语法格式的详细解释如下。

- ☞ ALTER DATABASE：修改数据库的关键字。
- ☞ SET LOCATION hdfs_path：可选项，用于修改数据库在 HDFS 中的存储位置。
- ☞ SET OWNER [USER|ROLE] user_or_role：可选项，用于修改数据库的所有者。其中，USER|ROLE 为可选项，USER 表示用户，ROLE 表示角色。
- ☞ SET DBPROPERTIES(property_name=property_value, ...)：可选项，用于修改数据库的属性。修改数据库的属性时，若属性已经存在，则使用新的属性值覆盖之前的属性值；若属性不存在，则添加属性。

【例 3-5】 修改数据库 hive_test 的信息。

（1）执行如下语句，修改数据库的存储位置。

```
.../> ALTER DATABASE hive_test
   > SET LOCATION 'hdfs://Master:9000/user/hive/warehouse/001.db';
```

（2）执行如下语句，修改数据库的所有者为 hive01。

```
.../> ALTER DATABASE hive_test
  > SET OWNER USER hive01;
```

（3）执行如下语句，修改数据库的属性，将属性 creator 的值修改为“hadoop”，并添加属性 date。

```
.../> ALTER DATABASE hive_test
  > SET DBPROPERTIES("creator"="hadoop", "date"="2023-12-20");
```

（4）执行如下语句，查看数据库 hive_test 的详细信息，结果如图 3-7 所示。

```
.../> DESCRIBE DATABASE EXTENDED hive_test;
```

0: jdbc:hive2://Worker1:10000> DESCRIBE DATABASE EXTENDED hive_test;

db_name	comment	location	owner_name	owner_type	parameters
hive_test	This is hive_test database	hdfs://Master:9000/user/hive/warehouse/001.db	hive01	USER	{date=2023-12-20, creator=hadoop}

图 3-7 数据库 hive_test 的详细信息

智慧解析

对比图 3-7 和图 3-4 可以看出，数据库 hive_test 的存储位置“hdfs://Master:9000/user/hive/warehouse/hive_test.db”修改为“hdfs://Master:9000/user/hive/warehouse/001.db”；所有者“hadoop”修改为“hive01”；属性 creator 被覆盖了新的属性值，且该数据库新增了属性 date。

3.1.6 删除数据库

删除数据库的语法格式如下。

```
DROP DATABASE [IF EXISTS] database_name [RESTRICT|CASCADE];
```

上述语法格式的详细解释如下。

- DROP DATABASE：删除数据库的关键字。
- IF EXISTS：可选项，用于判断数据库是否存在。若数据库存在，则删除数据库；否则不执行任何操作。
- RESTRICT|CASCADE：可选项，用于指定数据库中存有表时是否可以删除数据库。其中，RESTRICT 为默认值，表示如果数据库中存有表，则无法删除数据库；CASCADE 表示如果数据库中存有表，则删除数据库并删除数据库中的表。

【例 3-6】 删除数据库 hive_test。

（1）执行如下语句，删除数据库 hive_test。

```
…/> DROP DATABASE IF EXISTS hive_test;
```

（2）执行如下语句，显示所有数据库，结果如图 3-8 所示。

```
…/> SHOW DATABASES;
```

```
0: jdbc:hive2://Worker1:10000/> SHOW DATABASES;
+----------------+
| database_name  |
+----------------+
| default        |
+----------------+
```

图 3-8 所有数据库

智慧解析

对比图 3-8 和图 3-1 可以看出，数据库 hive_test 删除成功。

3.2 表的基本操作

在 Hive 中，表是存储和管理数据的基本结构。表的元数据存储在数据库中，如 Derby 和 MySQL 数据库；表的实际数据存储在对应的 HDFS 目录中，这些目录会在创建表时自动创建，并以表名命名。

表的类型包括内部表、外部表、分区表、桶表和临时表。其中，内部表是 Hive 的基本表。向内部表中导入数据时，该表的实际数据会从原来的 HDFS 目录移动到 Hive 管理的 HDFS 目录中。Hive 可以管理内部表的元数据和实际数据，因此删除内部表时，会同时删除表的元数据和实际数据。

表的基本操作包括创建表、显示表、查看表信息、修改表和删除表。接下来，以内部表为例介绍表的基本操作。

3.2.1 创建表

创建内部表的语法格式如下。

```
CREATE TABLE [IF NOT EXISTS] [database_name.]table_name
(col_name data_type [COMMENT col_comment], …)
[COMMENT table_comment]
[ROW FORMAT row_format]
[STORED AS file_format]
[TBLPROPERTIES (property_name=property_value, …)];
```

上述语法格式的详细解释如下。

- CREATE TABLE：创建表的关键字。
- IF NOT EXISTS：可选项，用于判断创建的表是否存在。
- [database_name.]table_name：表示在指定的数据库中创建表。其中，database_name.为可选项，用于指定存放表的数据库，若不指定数据库，则默认存放在当前使用的数据库中；database_name 表示新建表的表名。
- (col_name data_type [COMMENT col_comment], ...)：用于指定表中的字段名、字段的数据类型和字段的描述信息。其中，col_name 表示字段名；data_type 表示字段的数据类型；COMMENT col_comment 为可选项，用于为字段添加描述信息。
- COMMENT table_comment：可选项，用于为表添加描述信息。
- ROW FORMAT row_format：可选项，用于序列化表中数据，即通过指定表中数据行、字段和复杂数据类型数据的分隔符解析数据。其中，row_format 表示表中数据的序列化方式。

高手点拨

序列化表中数据主要包含以下两种方式。

（1）ROW FORMAT DELIMITED：通过指定行分隔符、字段分隔符和复杂数据类型中元素之间的分隔符解析数据。常用的属性如下。

① LINES TERMINATED BY char：用于指定行分隔符。其中，char 表示分隔符，如“,”。

② FIELDS TERMINATED BY char：用于指定字段分隔符。

③ COLLECTION ITEMS TERMINATED BY char：用于指定复杂数据类型 ARRAY、MAP 和 STRUCT 中元素之间的分隔符。

④ MAP KEYS TERMINATED BY char：用于指定 MAP 数据类型中 key 与 value 之间的分隔符。

> （2）ROW FORMAT SERDE：通过自定义的序列化/反序列化器（SerDe）解析数据。常用的 SerDe 如下。
>
> ① 'org.apache.hadoop.hive.contrib.serde2.MultiDelimitSerDe' WITH SERDEPROPERTIES (property_name = property_value)：表示使用自定义的 org.apache.hadoop.hive.contrib.serde2.MultiDelimitSerDe，处理有多个分隔符的文本数据。其中，WITH SERDEPROPERTIES 用于设置相关的属性，指定输入数据的分隔符；property_name 表示属性名；property_value 为一个正则表达式，用于定义文本数据中的多个分隔符的模式。
>
> ② 'org.apache.hive.hcatalog.data.JsonSerDe'：表示使用 Json 格式序列化表的每行数据。

- STORED AS file_format：可选项，用于指定表的存储格式。其中，file_format 的默认值为 TextFile，其他可取值包括 ORC、SequenceFile 和 Parquet 等。
- TBLPROPERTIES (property_name=property_value, ...)：可选项，用于设置表的属性。

【例 3-7】 根据表 3-1 中学生数据的字段信息，在数据库 hive_database 中创建内部表 internal_table。

表 3-1　学生数据的字段信息

字段名称	数据类型	描　述	字段名称	数据类型	描　述
id	INT	学生 ID	hobbies	ARRAY	爱好
name	STRING	学生姓名	contact_info	MAP	联系方式
class	STRING	班级	address	STRUCT	住址
gender	STRING	性别	—	—	—

（1）执行如下语句，创建数据库 hive_database，然后切换至该数据库。

```
--创建数据库 hive_database
.../> CREATE DATABASE hive_database;
--切换至数据库 hive_database
.../> USE hive_database;
```

（2）执行如下语句，创建内部表 internal_table。

```
.../> CREATE TABLE IF NOT EXISTS internal_table
--表中的字段
  > (id INT, name STRING,
  > class STRING, gender STRING, hobbies ARRAY<STRING>,
  > contact_info MAP<STRING, STRING>,
  > address STRUCT<city:STRING, province:STRING> )
  > ROW FORMAT DELIMITED
```

```
--定义字段之间的分隔符为“,”
  > FIELDS TERMINATED BY ','
--定义复杂数据类型中元素之间的分隔符为“_”
  > COLLECTION ITEMS TERMINATED BY '_'
--定义 Map 数据类型中 key 与 value 之间的分隔符为“:”
  > MAP KEYS TERMINATED BY ':'
--定义行分隔符为“\n”
  > LINES TERMINATED BY '\n';
```

小试牛刀

请同学们创建一个内部表 employee，该表中包含 employee_id（INT 类型）、employee_name（STRING 类型）和 department（STRING 类型）字段。

3.2.2 显示表

显示表的语法格式如下。

```
--显示数据库中的所有表/符合条件的表
SHOW TABLES [IN database_name]
[LIKE identifier_with_wildcards];
```

上述语法格式的详细解释如下。

- SHOW TABLES：显示表的关键字。
- IN database_name：可选项，用于指定要显示哪个数据库中的表。如果不指定数据库，则默认显示当前使用的数据库中的表。
- LIKE identifier_with_wildcards：可选项，用于筛选符合条件的表。

【例 3-8】 显示数据库 hive_database 中的表。

（1）切换至数据库 hive_database。

（2）执行如下语句，显示数据库中的所有表，结果如图 3-9 所示。该图显示的列表中包含表 internal_table，证明该表创建成功。

```
.../> SHOW TABLES;
```

（3）执行如下语句，显示数据库中首字母为“i”的表，结果如图 3-10 所示。

```
.../> SHOW TABLES LIKE 'i*';
```

```
0: jdbc:hive2://Worker1:10000/> SHOW TABLES;
+-----------------+
|    tab_name     |
+-----------------+
| employee        |
| internal_table  |
+-----------------+
```

图 3-9 数据库 hive_database 中的所有表

```
0: jdbc:hive2://Worker1:10000/> SHOW TABLES LIKE 'i*';
+-----------------+
|    tab_name     |
+-----------------+
| internal_table  |
+-----------------+
```

图 3-10 数据库 hive_database 中首字母为“i”的表

3.2.3 查看表信息

在 Hive 中，表的基本信息包含字段名称、字段的数据类型和字段描述；表的详细信息除了包含基本信息外，还包含详细表信息（Detailed Table Information）和存储信息（Storage Information）。查看表信息的语法格式如下。

```
--查看表的基本信息/详细信息
DESCRIBE [FORMATTED] [database_name.]table_name;
```

上述语法格式的详细解释如下。

- DESCRIBE：查看表信息的关键字。
- FORMATTED：可选项，表示查看表的详细信息。

【例 3-9】 查看数据库 hive_database 中内部表 internal_table 的信息。

（1）切换至数据库 hive_database。

（2）执行如下语句，查看内部表 internal_table 的基本信息，结果如图 3-11 所示。

```
.../> DESCRIBE internal_table;
```

```
0: jdbc:hive2://Worker1:10000/> DESCRIBE internal_table;
+---------------+----------------------------------------+----------+
|   col_name    |               data_type                | comment  |
+---------------+----------------------------------------+----------+
| id            | int                                    |          |
| name          | string                                 |          |
| class         | string                                 |          |
| gender        | string                                 |          |
| hobbies       | array<string>                          |          |
| contact_info  | map<string,string>                     |          |
| address       | struct<city:string,province:string>    |          |
+---------------+----------------------------------------+----------+
```

图 3-11 内部表 internal_table 的基本信息

（3）执行如下语句，查看内部表 internal_table 的详细信息，结果如图 3-12 所示。

```
.../> DESCRIBE FORMATTED internal_table;
```

```
0: jdbc:hive2://Worker1:10000/> DESCRIBE FORMATTED internal_table;
+------------------------------+----------------------------------------------------+-----------------------------------------------+
|           col_name           |                     data_type                      |                    comment                    |
+------------------------------+----------------------------------------------------+-----------------------------------------------+
| # col_name                   | data_type                                          | comment                                       |
| id                           | int                                                |                                               |
| name                         | string                                             |                                               |
| class                        | string                                             |                                               |
| gender                       | string                                             |                                               |
| hobbies                      | array<string>                                      |                                               |
| contact_info                 | map<string,string>                                 |                                               |
| address                      | struct<street:string,city:string>                  |                                               |
|                              | NULL                                               | NULL                                          |
| # Detailed Table Information | NULL                                               | NULL                                          |
| Database:                    | hive_database                                      | NULL                                          |
| OwnerType:                   | USER                                               | NULL                                          |
| Owner:                       | hadoop                                             | NULL                                          |
| CreateTime:                  | Mon Dec 11 16:59:13 CST 2023                       | NULL                                          |
| LastAccessTime:              | UNKNOWN                                            | NULL                                          |
| Retention:                   | 0                                                  | NULL                                          |
| Location:                    | hdfs://Master:9000/user/hive/warehouse/hive_database.db/internal_table | NULL
                  |
| Table Type:                  | MANAGED_TABLE                                      | NULL                                          |
| Table Parameters:            | NULL                                               | NULL                                          |
|                              | COLUMN_STATS_ACCURATE                              | {\"BASIC_STATS\":\"true\",\"COLUMN_STATS\":{\"address\
":\"true\",\"class\":\"true\",\"contact_info\":\"true\",\"gender\":\"true\",\"hobbies\":\"true\",\"id\":\"true\",\"name\":\"true\"}} |
|                              | bucketing_version                                  | 2                                             |
|                              | last_modified_by                                   | hadoop                                        |
|                              | last_modified_time                                 | 1705302011                                    |
|                              | numFiles                                           | 0                                             |
|                              | numRows                                            | 0                                             |
|                              | rawDataSize                                        | 0                                             |
|                              | totalSize                                          | 0                                             |
|                              | transient_lastDdlTime                              | 1705302011                                    |
|                              | NULL                                               | NULL                                          |
| # Storage Information        | NULL                                               | NULL                                          |
| SerDe Library:               | org.apache.hadoop.hive.serde2.lazy.LazySimpleSerDe | NULL                                          |
| InputFormat:                 | org.apache.hadoop.mapred.TextInputFormat           | NULL                                          |
| OutputFormat:                | org.apache.hadoop.hive.ql.io.HiveIgnoreKeyTextOutputFormat | NULL
       |
| Compressed:                  | No                                                 | NULL                                          |
| Num Buckets:                 | -1                                                 | NULL                                          |
| Bucket Columns:              | []                                                 | NULL                                          |
| Sort Columns:                | []                                                 | NULL                                          |
| Storage Desc Params:         | NULL                                               | NULL                                          |
|                              | collection.delim                                   | -                                             |
|                              | field.delim                                        | ,                                             |
|                              | line.delim                                         | \n                                            |
|                              | mapkey.delim                                       | :                                             |
|                              | serialization.format                               | ,                                             |
+------------------------------+----------------------------------------------------+-----------------------------------------------+
```

图 3-12　内部表 internal_table 的详细信息

3.2.4　修改表

在 Hive 中，修改表操作包括重命名表、修改字段、添加字段和替换字段等。

1. 重命名表

重命名表的语法格式如下。

```
ALTER TABLE [database_name.]table_name RENAME TO new_table_name;
```

上述语法格式的详细解释如下。

- ALTER TABLE：修改表的关键字。
- RENAME TO：重命名表的关键字。
- new_table_name：表示重命名后的表名。

【例 3-10】　重命名数据库 hive_database 中的内部表 internal_table。

（1）切换至数据库 hive_database。

（2）执行如下语句，将内部表 internal_table 重命名为 internal_table_name。

```
…/> ALTER TABLE internal_table RENAME TO internal_table_name;
```

（3）执行如下语句，显示数据库中的所有表，结果如图 3-13 所示。

```
…/> SHOW TABLES;
```

```
0: jdbc:hive2://Worker1:10000/> SHOW TABLES;
+-----------------------+
|       tab_name        |
+-----------------------+
| employee              |
| internal_table_name   |
+-----------------------+
```

图 3-13　数据库 hive_database 中的所有表

智慧解析

对比图 3-13 和图 3-9 可以看出，内部表 internal_table 的表名已成功修改为 internal_table_name。

2. 修改字段

修改字段的语法格式如下。

```
ALTER TABLE [database_name.]table_name
CHANGE col_old_name col_new_name column_type
[COMMENT col_comment]
[FIRST|AFTER column_name];
```

上述语法格式的详细解释如下。

- CHANGE：修改字段的关键字。
- col_old_name：表示需要修改的字段名。
- col_new_name：表示修改后的新字段名。
- column_type：表示修改后字段的数据类型。
- COMMENT col_comment：可选项，用于为修改的字段添加描述信息。
- FIRST|AFTER column_name：可选项，用于指定修改后字段的位置。其中，FIRST 表示在第一列，前提是必须保证表中每个字段的数据类型相同；AFTER 表示在 column_name 字段之后，前提是必须保证 column_name 字段及该字段之后所有字段的数据类型相同。

【例 3-11】　修改数据库 hive_database 中表 alter_internal_table 的字段。

（1）切换至数据库 hive_database。

（2）执行如下语句，创建表 alter_internal_table，该表中所有字段的数据类型相同，用于演示修改字段操作。

```
…/> CREATE TABLE IF NOT EXISTS alter_internal_table(
  > id STRING, sex STRING, name STRING);
```

（3）执行如下语句，将表 alter_internal_table 的 sex 字段重命名为 gender，并将 gender 字段移动到 name 字段之后。

```
…/> ALTER TABLE alter_internal_table
  > CHANGE sex gender STRING AFTER name;
```

（4）查看表 alter_internal_table 的基本信息，如图 3-14 所示。

```
…/> DESCRIBE alter_internal_table;
```

```
0: jdbc:hive2://Worker1:10000/> DESCRIBE alter_internal_table;
+-----------+------------+----------+
| col_name  | data_type  | comment  |
+-----------+------------+----------+
| id        | string     |          |
| name      | string     |          |
| gender    | string     |          |
+-----------+------------+----------+
```

图 3-14　表 alter_internal_table 的基本信息（1）

3. 添加字段

在 Hive 中，添加字段时，新增的字段在所有已有字段的后面（分区字段之前）。添加字段的语法格式如下。

```
ALTER TABLE [database_name.]table_name
ADD COLUMNS (col_name data_type[COMMENT col_comment], …);
```

其中，ADD COLUMNS 为添加字段的关键字。

【例 3-12】　在数据库 hive_database 的表 alter_internal_table 中添加 age 字段。

（1）切换至数据库 hive_database。

（2）执行如下语句，在表 alter_internal_table 中添加 age 字段。

```
…/> ALTER TABLE alter_internal_table ADD COLUMNS (age INT);
```

（3）执行如下语句，查看表 alter_internal_table 的基本信息，结果如图 3-15 所示。

```
…/> DESCRIBE alter_internal_table;
```

```
0: jdbc:hive2://Worker1:10000/> DESCRIBE alter_internal_table;
+-----------+------------+----------+
| col_name  | data_type  | comment  |
+-----------+------------+----------+
| id        | string     |          |
| name      | string     |          |
| gender    | string     |          |
| age       | int        |          |
+-----------+------------+----------+
```

图 3-15　表 alter_internal_table 的基本信息（2）

智慧解析

对比图 3-15 和图 3-14 可以看出，表 alter_internal_table 中成功添加 age 字段，并且 age 字段在所有已有字段（id、name 和 gender）的后面。

4. 替换字段

在 Hive 中，替换字段时，会替换掉表中的所有字段。替换字段的语法格式如下。

```
ALTER TABLE [database_name.]table_name
REPLACE COLUMNS (col_name data_type[COMMENT col_comment], …);
```

其中，REPLACE COLUMNS 为替换字段的关键字。

小提示

替换字段的语句只会修改 Hive 表的元数据，不会修改表的实际数据，所以替换字段的数据类型要与原字段的数据类型兼容。否则，元数据的数据类型会与实际数据的数据类型冲突，Hive 将无法完成字段的替换操作。

【例 3-13】 替换数据库 hive_database 中表 alter_internal_table 的字段。

（1）切换至数据库 hive_database。

（2）执行如下语句，将表 alter_internal_table 的字段替换为 user_name 和 phone。

```
…/> ALTER TABLE alter_internal_table REPLACE COLUMNS(
  > user_name STRING, phone STRING);
```

（3）执行如下语句，查看表 alter_internal_table 的基本信息，结果如图 3-16 所示。

```
…/> DESCRIBE alter_internal_table;
```

```
0: jdbc:hive2://Worker1:10000/> DESCRIBE alter_internal_table;
+------------+------------+----------+
|  col_name  | data_type  | comment  |
+------------+------------+----------+
| user_name  | string     |          |
| phone      | string     |          |
+------------+------------+----------+
```

图 3-16 表 alter_internal_table 的基本信息（3）

智慧解析

对比图 3-16 和图 3-15 可以看出，表 alter_internal_table 的所有字段（id、name、gender 和 age）已经替换为 user_name 和 phone。

3.2.5 删除表

删除表的语法格式如下。

```
DROP TABLE [IF EXISTS] [database_name.]table_name;
```

【例 3-14】 删除数据库 hive_database 中的表 alter_internal_table。

（1）切换至数据库 hive_database。

（2）执行如下语句，删除表 alter_internal_table。

```
.../> DROP TABLE alter_internal_table;
```

（3）执行如下语句，显示数据库中的所有表。显示结果中无表 alter_internal_table，说明删除成功。

```
.../> SHOW TABLES;
```

3.3 外部表

在 Hive 中，使用 EXTERNAL 关键字创建的表为外部表。与内部表不同，向外部表中导入数据时，实际数据不会从原来的 HDFS 目录移动到 Hive 管理的 HDFS 目录中，而是保留在原来的 HDFS 目录中，外部表会与实际数据建立映射关系。Hive 只管理外部表的元数据，因此删除外部表时，只会删除表的元数据，不会删除表的实际数据。

创建外部表的语法格式如下。

```
CREATE EXTERNAL TABLE [IF NOT EXISTS] [database_name.]table_name
(col_name data_type [COMMENT col_comment], ...)
[COMMENT table_comment]
[ROW FORMAT row_format]
[STORED AS file_format]
[LOCATION hdfs_path]
[TBLPROPERTIES (property_name=property_value, ...)];
```

上述语法格式的详细解释如下。

- EXTERNAL：指定创建的表为外部表。
- LOCATION hdfs_path：可选项，用于指定外部表数据文件在 HDFS 中的存储位置。创建外部表时，如果没有使用 LOCATION 关键字指定数据文件的存储位置，Hive 将在 HDFS 的“/user/hive/warehouse”目录中以外部表的表名创建一个目录，并将属于这个表的实际数据存放在该目录中。

【例 3-15】 根据表 3-1 中学生数据的字段信息，在数据库 hive_database 中创建外部表 external_table。

（1）切换至数据库 hive_database。

（2）执行如下语句，创建外部表 external_table。

```
.../> CREATE EXTERNAL TABLE IF NOT EXISTS external_table
  > (id INT, name STRING,
  > class STRING, gender STRING, hobbies ARRAY<STRING>,
  > contact_info MAP<STRING, STRING>,
  > address STRUCT<city:STRING, province:STRING>)
  > ROW FORMAT DELIMITED
  > FIELDS TERMINATED BY ','
  > COLLECTION ITEMS TERMINATED BY '_'
  > MAP KEYS TERMINATED BY ':'
  > LINES TERMINATED BY '\n'
  > LOCATION '/user/hive_external/external_tables';
```

（3）执行如下语句，显示数据库 hive_database 中的所有表，验证外部表 external_table 是否创建成功。

```
.../> SHOW TABLES;
```

3.4 分区表

分区表可以根据一个或多个分区字段的值对数据进行分区，每个分区都对应一个子目录，每个分区的数据存储在相应的子目录中。分区字段不是表中的实际字段，而是一个或者多个用于对数据进行逻辑划分的伪字段。也就是说，分区字段的值会用作子目录的名称，并不会直接保存在数据文件中。

除了表的基本操作外，分区表的操作还包括显示分区、添加分区、查看分区信息、移动分区和删除分区等。

3.4.1 创建分区表

创建分区表可以理解为使用 PARTITIONED BY 关键字对内部表或外部表中的数据进行分区，其语法格式如下。

```
CREATE [EXTERNAL] TABLE [IF NOT EXISTS] [database_name.]table_name
(col_name data_type [COMMENT col_comment], ...)
[COMMENT table_comment]
PARTITIONED BY (col_name data_type [COMMENT col_comment], ...)
[ROW FORMAT row_format]
```

```
[STORED AS file_format]
[LOCATION hdfs_path]
[TBLPROPERTIES (property_name=property_value, …)];
```

其中，PARTITIONED BY 为定义分区字段的关键字，允许根据分区字段的值对数据进行分区存储；col_name 表示分区字段的名称；data_type 表示分区字段的数据类型。

【例 3-16】 在数据库 hive_database 中创建分区表 partition_table，分区字段为 college 和 class。

（1）切换至数据库 hive_database。

（2）执行如下语句，创建分区表 partition_table。

```
…/> CREATE TABLE IF NOT EXISTS partition_table(
  > student_id STRING, student_name STRING)
--分区字段
  > PARTITIONED BY(college STRING, class STRING)
  > ROW FORMAT DELIMITED
  > FIELDS TERMINATED BY ','
  > LINES TERMINATED BY '\n';
```

智慧解析

分区表 partition_table 的分区属于二级分区，即在分区表的数据目录中会出现多个 college 子目录，用于存放不同 college 的数据；在每个 college 目录中会出现多个 class 子目录，用于存放不同 class 的数据。

（3）执行如下语句，显示数据库 hive_database 中的所有表，验证分区表 partition_table 是否创建成功。

```
…/> SHOW TABLES;
```

3.4.2 显示分区

显示分区的语法格式如下。

```
SHOW PARTITIONS [database_name.]table_name
[PARTITION(partition_column=partition_col_value), …];
```

上述语法格式的详细解释如下。

- SHOW PARTITIONS：显示分区的关键字。

- PARTITION(partition_column=partition_col_value), …：可选项，用于显示指定分区。其中，partition_column 表示分区字段；partition_col_value 表示分区字段的值，即实际分区名。

高手点拨

分区名是数据存储路径的一部分，默认情况下 Hive 不支持含有中文或特殊字符的分区名。因此，分区字段的值不能含有中文或特殊字符。

【例 3-17】 显示数据库 hive_database 中分区表 partition_table 的分区。

（1）切换至数据库 hive_database。

（2）执行如下语句，显示分区表 partition_table 的分区，结果如图 3-17 所示。

```
…/> SHOW PARTITIONS partition_table;
```

```
0: jdbc:hive2://Worker1:10000/> SHOW PARTITIONS partition_table;
+----------------------------+
|          partition         |
+----------------------------+
|                            |
+----------------------------+
```

图 3-17 分区表 partition_table 的分区（1）

智慧解析

从图 3-17 中可以看出，此时分区表 partition_table 的分区为空，因为此时分区表 partition_table 中只存在分区字段，还没有实际分区。

3.4.3 添加分区

在 Hive 中，添加分区是指在分区表中根据分区字段添加实际分区，其语法格式如下。

```
ALTER TABLE [database_name.]table_name
ADD [IF NOT EXISTS] PARTITION
(partition_column=partition_col_value, …)
[LOCATION hdfs_path];
```

上述语法格式的详细解释如下。

- ADD [IF NOT EXISTS] PARTITION：添加分区的关键字。其中，IF NOT EXISTS 为可选项，用于判断添加的分区是否存在。
- LOCATION hdfs_path：可选项，用于指定分区在 HDFS 中的存储位置。

【例 3-18】 在数据库 hive_database 的分区表 partition_table 中添加分区。

（1）切换至数据库 hive_database。

（2）执行如下语句，在分区表 partition_table 中添加两个分区。

```
.../> ALTER TABLE partition_table
  > ADD PARTITION (college='Arts',class='1')
  > LOCATION '/user/hive_local/warehouse/hive_database.db/Arts'
  > PARTITION(college='English',class='2')
  > LOCATION '/user/hive_local/warehouse/hive_database.db/English';
```

（3）执行如下语句，显示分区表 partition_table 的分区，结果如图 3-18 所示。

```
.../> SHOW PARTITIONS partition_table;
```

```
0: jdbc:hive2://Worker1:10000/> SHOW PARTITIONS partition_table;
+---------------------------+
|         partition         |
+---------------------------+
| college=Arts/class=1      |
| college=English/class=2   |
+---------------------------+
```

图 3-18　分区表 partition_table 的分区（2）

智慧解析

从图 3-18 中可以看出，分区表 partition_table 中成功添加了两个二级分区，分别是 college=Arts/class=1 和 college=English/class=2。

3.4.4　查看分区信息

查看分区信息的语法格式如下。

```
查看分区的基本信息/详细信息
DESCRIBE [FORMATTED] [database_name.]table_name
PARTITION (partition_column=partition_col_value, ...);
```

【例 3-19】　查看数据库 hive_database 的分区表 partition_table 中 college=Arts/class=1 分区的详细信息。

（1）切换至数据库 hive_database。

（2）执行如下语句，查看分区表 partition_table 中 college=Arts/class=1 分区的详细信息，结果如图 3-19 所示。

```
.../> DESCRIBE FORMATTED partition_table
  > PARTITION(college='Arts', class='1');
```

```
+----------------------------------------------------+----------------------------------------------------+---------------------------+
|                 col_name                           |                 data_type                          |         comment           |
+----------------------------------------------------+----------------------------------------------------+---------------------------+
| # col_name                                         | data_type                                          | comment                   |
| student_id                                         | string                                             |                           |
| student_name                                       | string                                             |                           |
|                                                    | NULL                                               | NULL                      |
| # Partition Information                            | NULL                                               | NULL                      |
| # col_name                                         | data_type                                          | comment                   |
| college                                            | string                                             |                           |
| class                                              | string                                             |                           |
|                                                    | NULL                                               | NULL                      |
| # Detailed Partition Information                   | NULL                                               | NULL                      |
| Partition Value:                                   | [Arts, 1]                                          | NULL                      |
| Database:                                          | hive_database                                      | NULL                      |
| Table:                                             | partition_table                                    | NULL                      |
| CreateTime:                                        | Tue Jan 16 08:32:49 CST 2024                       | NULL                      |
| LastAccessTime:                                    | UNKNOWN                                            | NULL                      |
| Location:                                          | hdfs://Master:9000/user/hive_local/warehouse/hive_database.db/Arts | NULL |
|                                                    |                                                    |                           |
| Partition Parameters:                              | NULL                                               | NULL                      |
|                                                    | transient_lastDdlTime                              | 1705365169                |
|                                                    | NULL                                               | NULL                      |
| # Storage Information                              | NULL                                               | NULL                      |
| SerDe Library:                                     | org.apache.hadoop.hive.serde2.lazy.LazySimpleSerDe | NULL                      |
| InputFormat:                                       | org.apache.hadoop.mapred.TextInputFormat           | NULL                      |
| OutputFormat:                                      | org.apache.hadoop.hive.ql.io.HiveIgnoreKeyTextOutputFormat | NULL              |
| Compressed:                                        | No                                                 | NULL                      |
| Num Buckets:                                       | -1                                                 | NULL                      |
| Bucket Columns:                                    | []                                                 | NULL                      |
| Sort Columns:                                      | []                                                 | NULL                      |
| Storage Desc Params:                               | NULL                                               | NULL                      |
|                                                    | field.delim                                        | ,                         |
|                                                    | line.delim                                         | \n                        |
|                                                    | serialization.format                               | ,                         |
+----------------------------------------------------+----------------------------------------------------+---------------------------+
```

图 3-19 分区表 partition_table 中 college=Arts/class=1 分区的详细信息（1）

3.4.5 移动分区

在 Hive 中，移动分区实际上是让分区指向新的存储位置，其语法格式如下。

```
ALTER TABLE [database_name.]table_name
PARTITION(partition_column=partition_col_value, …)
SET LOCATION new_location;
```

其中，SET LOCATION new_location 用于指定新的存储位置。

【例 3-20】 移动数据库 hive_database 中分区表 partition_table 的分区。

（1）切换至数据库 hive_database。

（2）执行如下语句，将分区表 partition_table 的二级分区 college=Arts/class=1 移动到一个新的存储位置。

```
…/> ALTER TABLE partition_table
  > PARTITION(college='Arts',class='1')
  > SET LOCATION '/user/hive_local/warehouse/hive_database.db/
Arts_college';
```

（3）执行如下语句，查看分区表 partition_table 中 college=Arts/class=1 分区的详细信息，结果如图 3-20 所示。

```
.../> DESCRIBE FORMATTED partition_table
  > PARTITION(college='Arts', class='1');
```

```
+------------------------------------+-------------------------------------------------------------+--------------------+
|              col_name              |                          data_type                          |      comment       |
+------------------------------------+-------------------------------------------------------------+--------------------+
| # col_name                         | data_type                                                   | comment            |
| student_id                         | string                                                      |                    |
| student_name                       | string                                                      |                    |
|                                    | NULL                                                        | NULL               |
| # Partition Information            | NULL                                                        | NULL               |
| # col_name                         | data_type                                                   | comment            |
| college                            | string                                                      |                    |
| class                              | string                                                      |                    |
|                                    | NULL                                                        | NULL               |
| # Detailed Partition Information   | NULL                                                        | NULL               |
| Partition Value:                   | [Arts, 1]                                                   | NULL               |
| Database:                          | hive_database                                               | NULL               |
| Table:                             | partition_table                                             | NULL               |
| CreateTime:                        | Tue Jan 16 08:32:49 CST 2024                                | NULL               |
| LastAccessTime:                    | UNKNOWN                                                     | NULL               |
| Location:                          | hdfs://Master:9000/user/hive_local/warehouse/hive_database.db/Arts_college | NULL |
| Partition Parameters:              | NULL                                                        | NULL               |
|                                    | last_modified_by                                            | hadoop             |
|                                    | last_modified_time                                          | 1705365409         |
|                                    | numFiles                                                    | 0                  |
|                                    | totalSize                                                   | 0                  |
|                                    | transient_lastDdlTime                                       | 1705365409         |
|                                    | NULL                                                        | NULL               |
| # Storage Information              | NULL                                                        | NULL               |
| SerDe Library:                     | org.apache.hadoop.hive.serde2.lazy.LazySimpleSerDe          | NULL               |
| InputFormat:                       | org.apache.hadoop.mapred.TextInputFormat                    | NULL               |
| OutputFormat:                      | org.apache.hadoop.hive.ql.io.HiveIgnoreKeyTextOutputFormat | NULL                |
| Compressed:                        | No                                                          | NULL               |
| Num Buckets:                       | -1                                                          | NULL               |
| Bucket Columns:                    | []                                                          | NULL               |
| Sort Columns:                      | []                                                          | NULL               |
| Storage Desc Params:               | NULL                                                        | NULL               |
|                                    | field.delim                                                 | ,                  |
|                                    | line.delim                                                  | \n                 |
|                                    | serialization.format                                        | ,                  |
+------------------------------------+-------------------------------------------------------------+--------------------+
```

图 3-20　分区表 partition_table 中 college=Arts/class=1 的分区信息（2）

智慧解析

对比图 3-20 和图 3-19 可以看出，分区表 partition_table 中 college=Arts/class=1 分区的存储位置“/user/hive_local/warehouse/hive_database.db/Arts”移动到“/user/hive_local/warehouse/hive_database.db/Arts_college”。

3.4.6　删除分区

删除分区的语法格式如下。

```
ALTER TABLE [database_name.]table_name
DROP [IF EXISTS] PARTITION
(partition_column=partition_col_value, ...);
```

其中，DROP PARTITION 为删除分区的关键字。

【例 3-21】 删除数据库 hive_database 中分区表 partition_table 的分区。

（1）切换至数据库 hive_database。

（2）执行如下语句，删除分区表 partition_table 的二级分区 college=Arts/class=1。

```
.../> ALTER TABLE partition_table
  > DROP PARTITION(college='Arts',class='1');
```

（3）执行如下语句，显示分区表 partition_table 的分区，结果如图 3-21 所示。

```
.../> SHOW PARTITIONS partition_table;
```

```
0: jdbc:hive2://Worker1:10000/> SHOW PARTITIONS partition_table;
+---------------------------+
|         partition         |
+---------------------------+
| college=English/class=2   |
+---------------------------+
```

图 3-21 分区表 partition_table 的分区（3）

3.5 桶 表

分区表可以将整体数据划分为多个分区，从而优化查询。但是，当数据分布不均匀或者数据规模非常大时，仍然可能出现查询效率较低的问题。此时就可以考虑使用桶表进一步优化查询性能。桶表针对的是数据文件，分区表针对的是数据的存储路径。

在 Hive 中，桶表可以根据一个或多个分桶字段的哈希值将数据分成固定数量的桶，每个桶中允许存储相同数量的数据行。需要注意的是，相同哈希值的数据行可能分配到不同的桶中，而不同哈希值的数据行可能分配到同一个桶中。

创建桶表可以理解为使用 CLUSTERED BY 关键字对内部表、外部表或分区表各分区的数据进行分桶，其语法格式如下。

```
CREATE [EXTERNAL] TABLE [IF NOT EXISTS] [database_name.]table_name
 (col_name data_type [COMMENT col_comment], ...)
 [COMMENT table_comment]
 [PARTITIONED BY (col_name data_type [COMMENT col_comment], ...)]
 CLUSTERED BY (col_name, col_name, ...) [SORTED BY (col_name
[ASC|DESC], ...)] INTO num_buckets BUCKETS
 [ROW FORMAT row_format]
 [STORED AS file_format]
 [LOCATION hdfs_path]
 [TBLPROPERTIES (property_name=property_value, ...)];
```

上述语法格式的详细解释如下。

- CLUSTERED BY (col_name, col_name, ...)：用于指定分桶字段，允许根据字段的哈希值对数据进行分桶。
- SORTED BY (col_name [ASC|DESC], ...)：可选项，用于指定每个桶内数据行排序所依据的字段。
- INTO num_buckets BUCKETS：用于指定桶的数量。其中，num_buckets 表示桶的数量。

【例 3-22】 在数据库 hive_database 中创建桶表 bucket_table。

（1）切换至数据库 hive_database。

（2）执行如下语句，创建桶表 bucket_table。

```
.../> CREATE TABLE IF NOT EXISTS bucket_table(
  > student_id STRING, student_name STRING,
  > college STRING, class STRING)
--按照 college 字段进行分桶，并指定桶的个数为 3
  > CLUSTERED BY(college) INTO 3 BUCKETS
  > ROW FORMAT DELIMITED
  > FIELDS TERMINATED BY ','
  > LINES TERMINATED BY '\n';
```

（3）执行如下语句，显示数据库 hive_database 中的所有表，验证桶表 bucket_table 是否创建成功。

```
.../> SHOW TABLES;
```

3.6 临时表

在 Hive 中，临时表是一种临时存储数据的表，它们仅在当前会话中存在，并在会话结束时自动删除。临时表不支持分区字段，创建临时表可以理解为使用 TEMPORARY 关键字将内部表、外部表或桶表设置为临时表，其语法格式如下。

```
CREATE [EXTERNAL] TEMPORARY TABLE [IF NOT EXISTS]
[database_name.]table_name
(col_name data_type [COMMENT col_comment], ...)
[COMMENT table_comment]
[CLUSTERED BY (col_name, col_name, ...) [SORTED BY (col_name
[ASC|DESC], ...)] INTO num_buckets BUCKETS]
[ROW FORMAT row_format]
```

```
[STORED AS file_format]
[LOCATION hdfs_path]
[TBLPROPERTIES (property_name=property_value, …)];
```

其中，TEMPORARY 为创建临时表的关键字。

【例 3-23】 在数据库 hive_database 中创建临时表 temporary_table。

（1）切换至数据库 hive_database。

（2）执行如下语句，创建临时表 temporary_table。

```
…/> CREATE TEMPORARY TABLE IF NOT EXISTS temporary_table(
  > student_id INT, student_name STRING,
  > college STRING, class STRING)
  > ROW FORMAT DELIMITED
  > FIELDS TERMINATED BY ','
  > LINES TERMINATED BY '\n';
```

（3）执行如下语句，显示数据库 hive_database 中的所有表，验证临时表 temporary_table 是否创建成功。

```
…/> SHOW TABLES;
```

小提示

执行“!quit”命令退出当前会话，重新使用客户端的 Beeline 工具连接 Worker1 主机的 HiveServer2 服务，然后显示数据库 hive_database 中的所有表，会发现该数据库中已经不存在临时表 temporary_table。

3.7 视 图

视图是一个虚拟的表，它是由一个或多个现有表（或其他视图）的查询结果定义的。数据库中只存放视图的定义，不存放视图对应的数据，这些数据仍存放在定义视图的表中。视图是只读的，不能向其中导入数据或修改其中的数据。使用视图可以简化数据查询语句，提高数据的安全性等。

3.7.1 创建视图

创建视图的语法格式如下。

```
CREATE VIEW [IF NOT EXISTS] [database_name.]view_name
[(col_name [COMMENT col_comment], …)]
[COMMENT view_comment]
```

```
[TBLPROPERTIES (property_name=property_value, …)]
AS SELECT … FROM …;
```

其中，CREATE VIEW 为创建视图的关键字；AS SELECT ... FROM ...用于指定视图的查询逻辑，从指定表或其他视图中查询数据。

【例 3-24】 在数据库 hive_database 中创建视图 view_table。

（1）切换至数据库 hive_database。

（2）执行如下语句，创建视图 view_table。

```
…/> CREATE VIEW IF NOT EXISTS view_table
--从外部表 external_table 中查询 name 字段
  > AS SELECT name FROM external_table;
```

高手点拨

使用“SELECT ... FROM ...”语句可以查询指定表、视图等中的数据。更多复杂的数据查询操作，将在项目 5 和项目 6 中详细介绍。

3.7.2 显示视图

显示视图的语法格式如下。

```
--显示数据库中的所有视图/符合条件的视图
SHOW VIEWS [IN|FROM database_name]
[LIKE identifier_with_wildcards];
```

【例 3-25】 显示数据库 hive_database 中的视图。

（1）切换至数据库 hive_database。

（2）执行如下语句，显示数据库 hive_database 中的所有视图，结果如图 3-22 所示。

```
…/> SHOW VIEWS;
```

```
0: jdbc:hive2://Worker1:10000/> SHOW VIEWS;
+-------------+
|  tab_name   |
+-------------+
| view_table  |
+-------------+
```

图 3-22 数据库 hive_database 中的所有视图

3.7.3 查看视图信息

查看视图信息的语法格式如下。

```
--查看视图的基本信息/详细信息
DESCRIBE [FORMATTED] [database_name.]view_name;
```

【例 3-26】 查看数据库 hive_database 中视图 view_table 的基本信息。

（1）切换至数据库 hive_database。

（2）执行如下语句，查看视图 view_table 的基本信息，结果如图 3-23 所示。

```
.../> DESCRIBE view_table;
```

```
0: jdbc:hive2://Worker1:10000/> DESCRIBE view_table;
+-----------+------------+----------+
| col_name  | data_type  | comment  |
+-----------+------------+----------+
| name      | string     |          |
+-----------+------------+----------+
```

图 3-23 视图 view_table 的基本信息

3.7.4 删除视图

删除视图的语法格式如下。

```
DROP VIEW [IF EXISTS] [database_name.]view_name;
```

【例 3-27】 删除数据库 hive_database 中的视图 view_table。

（1）切换至数据库 hive_database。

（2）执行如下语句，删除视图 view_table。

```
.../> DROP VIEW view_table;
```

（3）执行如下语句，显示数据库中的所有视图，结果如图 3-24 所示。

```
.../> SHOW VIEWS;
```

```
0: jdbc:hive2://Worker1:10000/> SHOW VIEWS;
+-----------+
| tab_name  |
+-----------+
+-----------+
```

图 3-24 数据库 hive_database 中的所有视图

项目实施——定义影视分析数据仓库的存储结构

根据项目 2 项目实施中设计的影视分析数据仓库，定义数据仓库各层的存储结构。

定义影视分析数据仓库的存储结构

1. 定义源数据层的存储结构

创建源数据层数据库 movies_ods_database，并在该数据库中创建电影评分表 movies_ods_table。为了防止原始数据丢失无法找回，此处将源数据层的表创建为外部表。

步骤 1 在 Master 主机上执行如下命令，启动 HDFS 和 YARN。

```
[hadoop@Master ~]$ start-dfs.sh
[hadoop@Master ~]$ start-yarn.sh
```

步骤 2 在 Worker1 主机上执行如下命令，启动 HiveServer2 服务。

```
[hadoop@Worker1 ~]$ hiveserver2
```

步骤 3 在 Worker2 主机上执行如下命令，使用 Beeline 工具连接 Worker1 主机的 HiveServer2 服务。

```
[hadoop@Worker2 ~]$ beeline --hiveconf hive.server2.logging.
operation.level=NONE -u jdbc:hive2://Worker1:10000 -n hadoop -p
```

步骤 4 执行如下语句，创建数据库 movies_ods_database，用于存储源数据层的数据。

```
.../> CREATE DATABASE IF NOT EXISTS movies_ods_database;
```

步骤 5 执行如下语句，显示所有数据库，验证数据库 movies_ods_database 是否创建成功。如果显示的列表中包含数据库 movies_ods_database，则证明创建成功，如图 3-25 所示。

```
.../> SHOW DATABASES;
```

```
0: jdbc:hive2://Worker1:10000/> SHOW DATABASES;
+-----------------------+
|     database_name     |
+-----------------------+
| default               |
| hive_database         |
| movies_ods_database   |
+-----------------------+
```

图 3-25 所有数据库

步骤 6 执行如下语句，切换至数据库 movies_ods_database；然后创建电影评分表 movies_ods_table，用于存储电影评分文件“ratings.txt”中的数据。

```
--切换至数据库 movies_ods_database
.../> USE movies_ods_database;
```

```
--创建电影评分表movies_ods_table
.../> CREATE EXTERNAL TABLE IF NOT EXISTS movies_ods_table(
  > user_id BIGINT, movie_id BIGINT,
  > sex STRING, age INT,
  > occupation STRING, zipcode STRING,
  > movie_name STRING, movie_type STRING,
  > rate DOUBLE, times STRING)
  > ROW FORMAT SERDE
  > 'org.apache.hadoop.hive.contrib.serde2.MultiDelimitSerDe'
  > WITH SERDEPROPERTIES (
  >      "field.delim" = "::")
  > LOCATION "/user/hive_data/movie.db/movie_basic";
```

步骤7 执行如下语句，显示数据库 movies_ods_database 中的所有表，验证电影评分表 movies_ods_table 是否创建成功。如果显示的列表中包含表 movies_ods_table，则证明创建成功，如图 3-26 所示。

```
.../> SHOW TABLES;
```

```
0: jdbc:hive2://Worker1:10000/> SHOW TABLES;
+-------------------+
|     tab_name      |
+-------------------+
| movies_ods_table  |
+-------------------+
```

图 3-26　数据库 movies_ods_database 中的所有表

步骤8 执行如下语句，查看电影评分表 movies_ods_table 的基本信息，确认表结构是否正确。如果显示的表基本信息与定义的表结构一致，则证明表结构正确，如图 3-27 所示。

```
.../> DESCRIBE movies_ods_table;
```

```
0: jdbc:hive2://Worker1:10000/> DESCRIBE movies_ods_table;
+-------------+-----------+---------------------+
|  col_name   | data_type |       comment       |
+-------------+-----------+---------------------+
| user_id     | bigint    | from deserializer   |
| movie_id    | bigint    | from deserializer   |
| sex         | string    | from deserializer   |
| age         | int       | from deserializer   |
| occupation  | string    | from deserializer   |
| zipcode     | string    | from deserializer   |
| movie_name  | string    | from deserializer   |
| movie_type  | string    | from deserializer   |
| rate        | double    | from deserializer   |
| times       | string    | from deserializer   |
+-------------+-----------+---------------------+
```

图 3-27　电影评分表 movies_ods_table 的基本信息

2. 定义数据仓库层中明细层的存储结构

创建明细层数据库 movies_dwd_database，并在该数据库中创建电影评分明细表 movies_dwd_table。

步骤 1 执行如下语句，创建数据库 movies_dwd_database，用于存储明细层的数据。

```
…/> CREATE DATABASE IF NOT EXISTS movies_dwd_database;
```

步骤 2 显示所有数据库，验证数据库 movies_dwd_database 是否创建成功。

步骤 3 执行如下语句，切换至数据库 movies_dwd_database；然后创建电影评分明细表 movies_dwd_table。

```
…/> USE movies_dwd_database;
…/> CREATE TABLE IF NOT EXISTS movies_dwd_table(
  > user_id BIGINT, movie_id BIGINT,
  > sex STRING, age INT,
  > occupation STRING, zipcode STRING,
  > movie_name STRING, movie_type STRING,
  > rate DOUBLE, times STRING)
  > PARTITIONED BY (release_year STRING)
  > STORED AS ORC;
```

高手点拨

电影名称（movie_name）字段由电影名称和电影上映时间两部分组成，为了方便后续的操作和分析，我们需要从电影名称字段中拆分出电影上映时间（release_year）字段，并将 release_year 作为分区字段。

步骤 4 显示数据库 movies_dwd_database 中的所有表，验证电影评分明细表 movies_dwd_table 是否创建成功。

步骤 5 查看电影评分明细表 movies_dwd_table 的基本信息，确认表结构是否正确。

3. 定义数据仓库层中中间层的存储结构

创建中间层数据库 movies_dwm_database，并在该数据库中创建用户表 users_dwm_table、电影数据表 movies_dwm_table 和评分表 ratings_dwm_table。

步骤 1 执行如下语句，创建数据库 movies_dwm_database，用于存储中间层的数据。

```
…/> CREATE DATABASE IF NOT EXISTS movies_dwm_database;
```

步骤 2 显示数据库，验证数据库 movies_dwm_database 是否创建成功。

步骤 3 执行如下语句，切换至数据库 movies_dwm_database；然后创建用户表 users_dwm_table。

```
.../> USE movies_dwm_database;
.../> CREATE TABLE users_dwm_table(
  > user_id BIGINT, age INT,
  > occupation STRING, zipcode STRING)
  > PARTITIONED BY(sex STRING)
  > STORED AS ORC;
```

步骤4 执行如下语句，创建电影数据表 movies_dwm_table。

```
.../> CREATE TABLE movies_dwm_table(
  > movie_id BIGINT, movie_name STRING,
  > movie_type STRING)
  > PARTITIONED BY(release_year STRING)
  > STORED AS ORC;
```

步骤5 执行如下语句，创建评分表 ratings_dwm_table。

```
.../> CREATE TABLE ratings_dwm_table(
  > user_id BIGINT, movie_id BIGINT,
  > rate DOUBLE, times STRING)
  > STORED AS ORC;
```

步骤6 显示数据库 movies_dwm_database 中的所有表，验证用户表 users_dwm_table、电影数据表 movies_dwm_table 和评分表 ratings_dwm_table 是否创建成功。

步骤7 分别查看用户表 users_dwm_table、电影数据表 movies_dwm_table 和评分表 ratings_dwm_table 的基本信息，确认表结构是否正确。

4. 定义数据仓库层中业务层的存储结构

创建业务层数据库 movies_dws_database，并在该数据库中创建评分次数宽表 ratingsCount_dws_table 和平均评分宽表 ratingsAvg_dws_table。

步骤1 执行如下语句，创建数据库 movies_dws_database，用于存储业务层的数据。

```
.../> CREATE DATABASE IF NOT EXISTS movies_dws_database;
```

步骤2 显示数据库，验证数据库 movies_dws_database 是否创建成功。

步骤3 执行如下语句，切换至数据库 movies_dws_database；然后创建评分次数宽表 ratingsCount_dws_table。

```
.../> USE movies_dws_database;
.../> CREATE TABLE IF NOT EXISTS ratingsCount_dws_table(
  > ratingcount INT, movie_name STRING,
  > movie_type STRING, age INT,
  > sex STRING,
```

```
    > group_type STRING COMMENT "1.电影名称维度 2.电影类型维度 3.用户年龄段维度 4.用户性别维度")
    > PARTITIONED BY (release_year STRING)
    > STORED AS ORC;
```

高手点拨

group_type 字段表示根据不同的维度统计评分次数，便于在一个表中获取不同维度的统计结果。例如，当 group_type 字段的值为 1 时，表示统计每部电影的评分次数。

步骤 4 执行如下语句，创建平均评分宽表 ratingsAvg_dws_table。

```
.../> CREATE TABLE IF NOT EXISTS ratingsAvg_dws_table(
    > ratingavg DOUBLE,
    > movie_name STRING,
    > movie_type STRING,
    > group_type STRING COMMENT "1.电影名称维度 2.电影类型维度")
    > PARTITIONED BY (release_year STRING)
    > STORED AS ORC;
```

步骤 5 显示数据库 movies_dws_database 中的所有表，验证评分次数宽表 ratingsCount_dws_table 和平均评分宽表 ratingsAvg_dws_table 是否创建成功。

步骤 6 分别查看评分次数宽表 ratingsCount_dws_table 和平均评分宽表 ratingsAvg_dws_table 的基本信息，确认表结构是否正确。

项目实训

1. 实训目的

（1）掌握数据库的基本操作。

（2）掌握表的基本操作。

2. 实训内容

根据项目 2 项目实训中设计的网站流量分析数据仓库，定义数据仓库各层的存储结构。

（1）定义源数据层的存储结构。

① 创建源数据层数据库 web_ods_database。

② 在数据库 web_ods_database 中创建外部表 phone_ods_table 和外部表 weblog_ods_table。

（2）定义数据仓库层中明细层的存储结构。

① 创建明细层数据库 web_dwd_database。

② 在数据库 web_dwd_database 中创建明细表 web_dwd_table。

（3）定义数据仓库层中业务层的存储结构。

① 创建业务层数据库 web_dws_database。

② 在数据库 web_dws_database 中创建宽表 stream_dws_table，该宽表主要用于储存手机号码段、请求网站的链接、手机号码对应的省份、手机号码对应的城市、运营商等维度下的总流量。

3. 实训小结

按要求完成实训内容，并将实训过程中遇到的问题和解决办法记录在表 3-2 中。

表 3-2　实训过程中遇到的问题和解决办法

序　号	主要问题	解决办法
1		
2		
3		
4		
5		

项目总结

完成本项目的学习与实践后，请总结应掌握的重点内容，并将图 3-28 中的空白处填写完整。

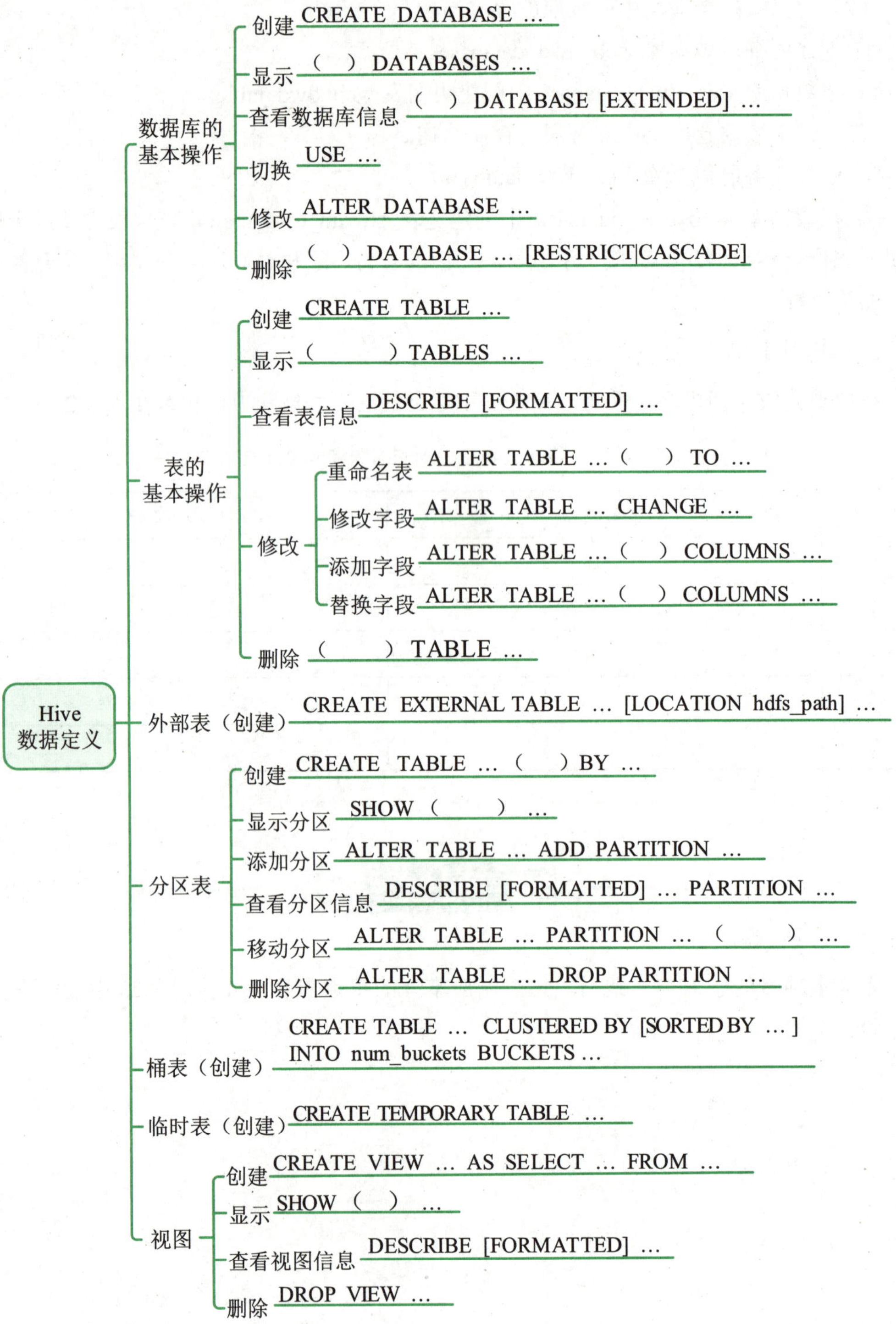
Hive
数据定义
数据库的
基本操作
创建 CREATE DATABASE …
显示 （ ） DATABASES …
查看数据库信息 （ ） DATABASE [EXTENDED] …
切换 USE …
修改 ALTER DATABASE …
删除 （ ） DATABASE … [RESTRICT|CASCADE]
表的
基本操作
创建 CREATE TABLE …
显示 （ ） TABLES …
查看表信息 DESCRIBE [FORMATTED] …
修改
重命名表 ALTER TABLE … （ ） TO …
修改字段 ALTER TABLE … CHANGE …
添加字段 ALTER TABLE … （ ） COLUMNS …
替换字段 ALTER TABLE … （ ） COLUMNS …
删除 （ ） TABLE …
外部表（创建） CREATE EXTERNAL TABLE … [LOCATION hdfs_path] …
分区表
创建 CREATE TABLE … （ ） BY …
显示分区 SHOW （ ） …
添加分区 ALTER TABLE … ADD PARTITION …
查看分区信息 DESCRIBE [FORMATTED] … PARTITION …
移动分区 ALTER TABLE … PARTITION … （ ） …
删除分区 ALTER TABLE … DROP PARTITION …
桶表（创建） CREATE TABLE … CLUSTERED BY [SORTED BY …] INTO num_buckets BUCKETS …
临时表（创建） CREATE TEMPORARY TABLE …
视图
创建 CREATE VIEW … AS SELECT … FROM …
显示 SHOW （ ） …
查看视图信息 DESCRIBE [FORMATTED] …
删除 DROP VIEW …

图 3-28　项目总结

项目考核

1. 选择题

（1）在 Hive 中，使用（　　）语句可以创建数据库。

A．CREATE DATABASE database_name

B．CREATE database_name

C．SHOW database_name

D．SHOW DATABASE database_name

（2）在 Hive 中，使用（　　）语句可以切换数据库。

A．DROP DATABASE database_name

B．ADD DATABASE database_name

C．USE DATABASE database_name

D．REPLACE DATABASE database_name

（3）在 Hive 中，创建表时一定会使用的关键字的是（　　）。

A．PARTITION BY　　B．CREATE TABLE

C．CLUSTERED BY　　D．ROW FORMAT DELIMITED

（4）在 Hive 中，使用（　　）语句可以指定 MAP 数据类型中的 key 与 value 之间的分隔符。

A．LINES TERMINATED BY char

B．FIELDS TERMINATED BY char

C．COLLECTION ITEMS TERMINATED BY char

D．MAP KEYS TERMINATED BY char

（5）在 Hive 中，使用（　　）关键字可以创建分区表。

A．PARTITION BY　　B．TEMPORARY

C．CLUSTERED BY　　D．EXTERNAL

（6）在 Hive 中，使用（　　）关键字可以移动分区表。

A．SET LOCATION　　B．DROP

C．ADD　　D．DESC

（7）在 Hive 中，使用（　　）关键字可以创建桶表。

A．PARTITION BY　　B．TEMPORARY

C．CLUSTERED BY　　D．EXTERNAL

（8）在 Hive 中，使用（　　）关键字可以创建临时表。

A．PARTITION BY　　B．TEMPORARY

C．CLUSTERED BY　　D．EXTERNAL

（9）在 Hive 中，使用（　　）关键字可以创建视图。

A．DROP VIEW　　B．CREATE VIEW
C．DESCRIBE　　D．SHOW VIEWS

2．判断题

（1）使用 Hive 客户端工具 Beeline 或者 CLI 操作 Hive 时，默认使用的数据库是 default。（　　）

（2）使用 DROP 和 CASCADE 关键字，可以强制删除数据库及该数据库中的表。（　　）

（3）在 Hive 中，表的元数据和表的实际数据均存储在对应的 HDFS 目录中。（　　）

（4）使用 DESCRIBE FORMATTED table_name 语句只能查看表的基本信息。（　　）

（5）删除内部表时，会同时删除表的元数据和实际数据。（　　）

（6）分区表中的分区字段是表中的实际字段。（　　）

（7）在 Hive 中，临时表是一种临时存储数据的表，它们仅在当前会话中存在，并在会话结束时自动删除。（　　）

（8）视图是一个真实的表，它是由一个或多个现有表的查询结果定义的。（　　）

3．简答题

（1）简述 Hive 中不同类型表之间的区别与联系。

（2）简述视图的概念及创建视图的语法格式。

4．操作题

已知商品数据文件中包含 goods_id、goods_name 和 goods_price 信息，它们的数据类型分别为 INT、STRING 和 DOUBLE，请完成下列操作。

（1）创建数据库 hive_exercises。

（2）设置数据库 hive_exercises 的属性 date 为 2023-12-13。

（3）在数据库 hive_exercises 中创建内部表 goods_internal 和外部表 goods_external。

（4）在数据库 hive_exercises 中创建分区表 goods_partition，分区字段为 goods_name，并按照 goods_id 字段对每个分区内的数据进行分桶，桶数为 5。

（5）创建临时表 goods_temporary。

（6）查看分区表 goods_partition 的详细信息。

（7）删除外部表 goods_external。

（8）删除数据库 hive_exercises。

项目评价

请学生结合本项目的学习情况，对学习成果进行自评和互评（组内成员相互评分），请指导教师进行师评和总评，并将评价结果填入表 3-3 中。

表 3-3 学习成果评价表

评价项目	评价内容	评价分数			
		分值	自评	互评	师评
项目完成度（20%）	项目准备阶段，回答问题清晰准确，紧扣主题，没有明显错误	5 分			
	项目实施阶段，根据操作步骤完成本项目	5 分			
	项目实训阶段，出色地完成实训内容	5 分			
	项目总结阶段，将项目总结的空白信息补充完整	2 分			
	项目考核阶段，完成考核题目	3 分			
知识（30%）	数据库基本操作的语法格式	5 分			
	表基本操作的语法格式	20 分			
	视图基本操作的语法格式	5 分			
技能（35%）	创建、显示、切换、删除数据库和查看、修改数据库信息	5 分			
	创建、显示、修改、删除表和查看表信息	5 分			
	创建外部表	5 分			
	创建分区表、显示分区、添加分区、查看分区信息、移动分区和删除分区	5 分			
	创建桶表	5 分			
	创建临时表	5 分			
	创建、显示、删除视图和查看视图信息	5 分			
素养（15%）	具有自主学习意识，做好课前准备	5 分			
	善于思考，积极参与，勇于提出问题	5 分			
	具有团队合作精神，出色完成小组任务	5 分			
合计		100 分			
总评	综合得分：__________	指导教师签字：__________			
	综合等级：__________				

注：综合得分可按照“自评（25%）+互评（25%）+师评（50%）”进行计算；综合等级可以“优”（综合得分≥90 分）、“良”（80 分≤综合得分＜90 分）、“中”（60 分≤综合得分＜80 分）、“差”（综合得分＜60 分）为标准进行评价。

项目 4 Hive 数据导入与导出

项目目标

知识目标

- 掌握导入数据的语法格式。
- 掌握导出数据的语法格式。

技能目标

- 能够使用 LOAD 语句向表中加载数据。
- 能够使用 INSERT 语句向表中插入数据。
- 能够使用 CREATE...AS 语句创建表并导入数据。
- 能够使用 IMPORT 语句导入表。
- 能够使用 INSERT OVERWRITE 语句从表中导出数据。
- 能够使用 EXPORT 语句导出表。

素养目标

- 培养举一反三的能力，学会融会贯通。
- 了解中国的数据库市场，紧跟时代发展。

项目描述

Hive 数据导入是指将存储在文件系统中的数据或数据查询结果导入 Hive 表中；Hive 数据导出是指将 Hive 表中的数据导出到文件系统中。Hive 提供的数据导入方式有 LOAD 加载数据、INSERT 插入数据、CREATE…AS 导入数据、IMPORT 导入表等；数据导出方式有 INSERT OVERWRITE 导出数据、EXPORT 导出表等。某影视公司计划选择合适的数据导入方式向影视分析数据仓库中导入数据。

项目分析

向影视分析数据仓库中导入数据可以分为 4 部分。

（1）向源数据层导入数据。将本地文件系统中的源数据文件导入电影评分表 movies_ods_table 中。

（2）向数据仓库层的明细层导入数据。查询并处理电影评分表 movies_ods_table 中的数据，并将查询和处理结果导入电影评分明细表 movies_dwd_table 中。

（3）向数据仓库层的中间层导入数据。查询并汇总电影评分明细表 movies_dwd_table 中的数据，并将查询和汇总结果分别导入中间层的用户表 users_dwm_table、电影数据表 movies_dwm_table 和评分表 ratings_dwm_table 中。

（4）向数据仓库层的业务层导入数据。查询并统计明细层或中间层各表中的数据，并将查询和统计结果分别导入业务层的评分次数宽表 ratingsCount_dws_table 和平均评分宽表 ratingsAvg_dws_table 中。

为了顺利地向影视分析数据仓库中导入数据，本项目将先对 Hive 数据导入与导出的相关知识进行介绍，包括导入数据、导入表、导出数据和导出表等。

项目准备

全班学生以 3～5 人为一组进行分组，各组选出组长。组长组织组员扫码观看“Hive 数据操作概述”视频，讨论并回答下列问题。

问题 1：简述 Hive 数据更新与删除的概念。

Hive 数据操作概述

问题 2：简述不能频繁使用 Hive 数据更新与删除的原因。

4.1 数据导入

数据导入是指将数据源中的数据加载到数据仓库各表中的过程。在 Hive 中，可以使用 LOAD、INSERT 语句向已有的表中导入数据；也可以使用 CREATE...AS 语句在创建表时导入数据；还可以使用 IMPORT 语句导入表。

4.1.1 LOAD 加载数据

在 Hive 中，如果数据已经存储在本地文件系统或 HDFS 中，则可以使用 LOAD 语句将数据加载到 Hive 表中。LOAD 加载数据的语法格式如下。

```
LOAD DATA [LOCAL] INPATH filepath [OVERWRITE]
INTO TABLE [database_name.]table_name
[PARTITION(partition_column=partition_col_value, …)];
```

上述语法格式的详细解释如下。

- LOAD DATA：加载数据的关键字。
- LOCAL：可选项，表示从本地文件系统中加载数据。如果不使用 LOCAL，则默认从 HDFS 中加载数据。

高手点拨

> 在远程模式下操作 Hive 时，本地文件系统是指启动 HiveServer2 服务的服务端主机，而不是启动 Beeline 工具的客户端主机。

- INPATH filepath：用于指定要加载的数据的路径。其中，filepath 可以是具体的文件路径，也可以是一个文件夹的路径。如果 filepath 指定的是一个文件夹的路径，则加载该文件夹中的所有文件。
- OVERWRITE：可选项，表示加载数据时，会覆盖表或分区中已经存在的数据。如果不使用 OVERWRITE，则默认使用追加的方式加载数据。
- INTO TABLE [database_name.]table_name：用于指定要加载数据的表名。

- PARTITION(partition_column=partition_col_value, …)：可选项，用于将数据加载到分区表的指定分区。其中，partition_column 表示分区字段；partition_col_value 表示分区字段的值。

【例 4-1】 将 Worker1 主机中“/usr/local/hive/hive_data/student_data”文件中的数据（见图 4-1）加载到数据库 hive_database 的外部表 external_table 中。

```
打开(O)    student_data    保存(S)
           /usr/local/hive/hive_data
2023910660,张三,1班,男,音乐_游泳,邮箱:San@163.com_电话:150****1221,武汉_湖北
2023920103,李四,2班,男,绘画_骑行,邮箱:Si@163.com_电话:184****1230,郑州_河南
2023930116,王二,3班,男,魔术_象棋,邮箱:Er@163.com_电话:182****5642,西安_陕西
2023910661,王五,1班,女,音乐_绘画,邮箱:Wu@163.com_电话:150****1223,南京_江苏
2023920104,赵六,2班,女,音乐_骑行,邮箱:Liu@163.com_电话:184****1235,北京_北京
```

图 4-1 “student_data”文件中的数据

（1）切换至数据库 hive_database。

（2）执行如下语句，向外部表 external_table 中加载数据。

```
.../> LOAD DATA LOCAL INPATH '/usr/local/hive/hive_data/student_data'
   > OVERWRITE INTO TABLE external_table;
```

（3）执行如下语句，查询外部表 external_table 中的数据，结果如图 4-2 所示。

```
.../> SELECT * FROM external_table;
```

0: jdbc:hive2://Worker1:10000/> SELECT * FROM external_table;

external_table.id	external_table.name	external_table.class	external_table.gender	external_table.hobbies	external_table.contact_info	external_table.address
2023910660	张三	1班	男	["音乐","游泳"]	{"邮箱":"San@163.com","电话":"150****1221"}	{"city":"武汉","province":"湖北"}
2023920103	李四	2班	男	["绘画","骑行"]	{"邮箱":"Si@163.com","电话":"184****1230"}	{"city":"郑州","province":"河南"}
2023930116	王二	3班	男	["魔术","象棋"]	{"邮箱":"Er@163.com","电话":"182****5642"}	{"city":"西安","province":"陕西"}
2023910661	王五	1班	女	["音乐","绘画"]	{"邮箱":"Wu@163.com","电话":"150****1223"}	{"city":"南京","province":"江苏"}
2023920104	赵六	2班	女	["音乐","骑行"]	{"邮箱":"Liu@163.com","电话":"184****1235"}	{"city":"北京","province":"北京"}

图 4-2 外部表 external_table 中的数据

小提示

实现例 4-1 之前，需要在 Worker1 主机的“/usr/local/hive”目录中新建“hive_data”文件夹，用于存放例题使用的数据文件。本项目因为示例需要用到了 Hive 中的数据查询语句，它们的详细讲解见项目 5。

除了使用 LOAD 语句加载数据到外部表外，还可以使用以下方法加载数据。

在创建外部表 external_table 时，使用 LOCATION 语句指定表中数据在 HDFS 中的存储位置为“/user/hive_external/external_tables”，然后将“student_data”文件上传到该目录中，外部表就会自动加载该目录中“student_data”文件中的数据。

【例 4-2】 将 Worker1 主机中“/usr/local/hive/hive_data/basic_data”文件中的数据（见图 4-3）加载到数据库 hive_database 的分区表 partition_table 中。

图 4-3 “basic_data”文件中的数据

（1）切换至数据库 hive_database。

（2）执行如下语句，向分区表 partition_table 的 college=English/class=2 分区中加载数据。

```
…/> LOAD DATA LOCAL INPATH '/usr/local/hive/hive_data/basic_data'
  > OVERWRITE INTO TABLE partition_table
  > PARTITION (college='English',class='2');
```

（3）执行如下语句，查询分区表中的数据，结果如图 4-4 所示。

```
…/> SELECT * FROM partition_table;
```

```
0: jdbc:hive2://Worker1:10000/> SELECT * FROM partition_table;
+-------------------------------+---------------------------------+------------------------------+----------------------------+
| partition_table.student_id    | partition_table.student_name    | partition_table.college      | partition_table.class      |
+-------------------------------+---------------------------------+------------------------------+----------------------------+
| 2023910660                    | 张三                            | English                      | 2                          |
| 2023920103                    | 李四                            | English                      | 2                          |
| 2023930116                    | 王二                            | English                      | 2                          |
+-------------------------------+---------------------------------+------------------------------+----------------------------+
```

图 4-4 分区表 partition_table 中的数据

4.1.2 INSERT 插入数据

在 Hive 中，可以使用 INSERT 语句向 Hive 表中插入数据。插入数据的方式主要分为以下 3 种。

（1）基本插入：直接向 Hive 表中插入单条或多条数据，适用于已经有完整数据集的情况。

（2）查询插入：将查询结果直接插入 Hive 表中，适用于根据特定条件过滤和转换数据后再进行插入的情况。

（3）动态分区插入：自动根据数据中的某些字段值创建和管理分区。相较于手动指定分区，动态分区插入数据可以减少手动操作的复杂性，提高数据加载的效率。

1. 基本插入

基本插入的语法格式如下。

```
INSERT INTO TABLE [database_name.]table_name
[PARTITION (partition_column[=partition_col_value], …)]
VALUES (value1, value2, …) [,(value1, value2, …), …];
```

上述语法格式的详细解释如下。

- INSERT INTO TABLE：插入数据的关键字。
- [database_name.]table_name：表示要插入数据的表名。
- VALUES(value1, value2, …) [,(value1, value2, …), …]：用于向表中插入单条或多条数据。其中，(value1，value2，…)表示插入的一条数据，该数据需要与表中的字段对应，即每个字段都需要指定值，如果某个字段不存在值，则使用 NULL 代替该字段的值。

【例 4-3】　向数据库 hive_database 的桶表 bucket_table 中插入多条数据。

（1）切换至数据库 hive_database。

（2）执行如下语句，向桶表 bucket_table 中插入 5 条数据。

```
…/> INSERT INTO TABLE bucket_table VALUES
  > ('2023910660','张三','English','1 班'),
  > ('2023920103','李四','Art','2 班'),
  > ('2023930116','王二','Computer','3 班'),
  > ('2023930216','张五','English','3 班'),
  > ('2023910186','赵四','Computer','1 班');
```

（3）执行如下语句，查询桶表 bucket_table 中的数据，结果如图 4-5 所示。

```
…/> SELECT * FROM bucket_table;
```

```
0: jdbc:hive2://Worker1:10000/> SELECT * FROM bucket_table;
+-------------------------+---------------------------+----------------------+--------------------+
| bucket_table.student_id | bucket_table.student_name | bucket_table.college | bucket_table.class |
+-------------------------+---------------------------+----------------------+--------------------+
| 2023930216              | 张五                      | English              | 3班                |
| 2023910660              | 张三                      | English              | 1班                |
| 2023910186              | 赵四                      | Computer             | 1班                |
| 2023930116              | 王二                      | Computer             | 3班                |
| 2023920103              | 李四                      | Art                  | 2班                |
+-------------------------+---------------------------+----------------------+--------------------+
```

图 4-5　桶表 bucket_table 中的数据

2. 查询插入

在 Hive 中，查询插入可分为单表查询插入和多表查询插入。

单表查询插入是指将查询结果插入单个目标表中，其语法格式如下。

```
INSERT OVERWRITE|INTO TABLE [database_name.]table_name
[PARTITION(partition_column=partition_col_value, …)]
SELECT select_expr FROM table_reference;
```

上述语法格式的详细解释如下。

- select_expr：表示查询的字段或含有字段的表达式。
- FROM table_reference：用于指定实际查询的表、视图或子查询。

【例 4-4】 查询数据库 hive_database 中分区表 partition_table 的数据，并将查询结果插入新建的分区表 partition_table1 中。

（1）切换至数据库 hive_database。

（2）执行如下语句，创建一个新的分区表 partition_table1，用于存储查询结果。

```
.../> CREATE TABLE IF NOT EXISTS partition_table1
  > (student_id STRING, student_name STRING)
  > PARTITIONED BY (
  > college STRING,
  > class STRING)
  > ROW FORMAT DELIMITED
  > FIELDS TERMINATED BY ','
  > LINES TERMINATED BY '\n';
```

（3）执行如下语句，查询分区表 partition_table 中 student_id 和 student_name 字段的数据，并以覆盖的方式将查询结果插入分区表 partition_table1 中。

```
.../> INSERT OVERWRITE TABLE partition_table1
  > PARTITION (college='English', class='1')
  > SELECT student_id, student_name FROM partition_table;
```

（4）执行如下语句，查询分区表 partition_table1 中的数据，结果如图 4-6 所示。

```
.../> SELECT * FROM partition_table1;
```

```
0: jdbc:hive2://Worker1:10000/> SELECT * FROM partition_table1;
+------------------------------+--------------------------------+---------------------------+-------------------------+
| partition_table1.student_id  | partition_table1.student_name  | partition_table1.college  | partition_table1.class  |
+------------------------------+--------------------------------+---------------------------+-------------------------+
| 2023910660                   | 张三                           | English                   | 1                       |
| 2023920103                   | 李四                           | English                   | 1                       |
| 2023930116                   | 王二                           | English                   | 1                       |
+------------------------------+--------------------------------+---------------------------+-------------------------+
```

图 4-6 分区表 partition_table1 中的数据

智慧解析

对比图 4-6 和图 4-4 可以看出，分区表 partition_table1 的二级分区 college=English/class=1 中存在 3 条数据，且与图 4-4 中分区表 partition_table 的数据一致，说明查询到的 student_id 和 student_name 数据已成功插入分区表 partition_table1 中。

多表查询插入是指将查询结果插入多个目标表中，其语法格式如下。

```
FROM table_reference
INSERT OVERWRITE|INTO TABLE [database_name.]table_name1
[PARTITION(partition_column=partition_col_value, ...)]
SELECT select_expr1
```

```
INSERT OVERWRITE|INTO TABLE [database_name.]table_name2
[PARTITION(partition_column=partition_col_value, …)]
SELECT select_expr2
…;
```

【例 4-5】 查询数据库 hive_database 中桶表 bucket_table 的数据，并采用不同的方式将查询结果插入分区表 partition_table1 和分区表 partition_table 中。

（1）切换至数据库 hive_database。

（2）执行如下语句，查询桶表 bucket_table 中的数据，并将查询结果插入分区表 partition_table1 的二级分区 college=English/class=1 中和分区表 partition_table 的二级分区 college=English/class=2 中。

```
…/> FROM bucket_table
--以覆盖的方式插入分区表 partition_table1 的二级分区中
  > INSERT OVERWRITE TABLE partition_table1
  > PARTITION (college='English', class='1')
  > SELECT student_id, student_name
--以追加的方式插入分区表 partition_table 的二级分区中
  > INSERT INTO TABLE partition_table
  > PARTITION (college='English', class='2')
  > SELECT student_id, student_name;
```

（3）执行如下语句，查询分区表 partition_table1 和分区表 partition_table 中的数据，结果如图 4-7 和图 4-8 所示。

```
…/> SELECT * FROM partition_table1;
…/> SELECT * FROM partition_table;
```

0: jdbc:hive2://Worker1:10000/> SELECT * FROM partition_table1;

partition_table1.student_id	partition_table1.student_name	partition_table1.college	partition_table1.class
2023930216	张五	English	1
2023910660	张三	English	1
2023910186	赵四	English	1
2023930116	王二	English	1
2023920103	李四	English	1

图 4-7 分区表 partition_table1 中的数据

0: jdbc:hive2://Worker1:10000/> SELECT * FROM partition_table;

partition_table.student_id	partition_table.student_name	partition_table.college	partition_table.class
2023930216	张五	English	2
2023910660	张三	English	2
2023920103	李四	English	2
2023910186	赵四	English	2
2023930116	王二	English	2
2023910660	张三	English	2
2023920103	李四	English	2
2023930116	王二	English	2

图 4-8 分区表 partition_table 中的数据

智慧解析

对比图 4-7 和图 4-6 可以看出，分区表 partition_table1 的 3 条数据已被桶表 bucket_table 的 5 条数据覆盖。对比图 4-8 和图 4-4 可以看出，分区表 partition_table 中已成功追加了桶表 bucket_table 的 5 条数据。

3. 动态分区插入

动态分区插入的语法格式如下。

```
INSERT OVERWRITE|INTO TABLE [database_name.]table_name
PARTITION(partition_column1,partition_column2, …)
SELECT select_expr FROM table_reference;
```

高手点拨

动态插入与查询插入的不同之处在于，动态插入无须指定分区字段的值。

当动态分区模式为严格模式时，不允许 Hive 使用动态分区。因此，使用动态分区前，需要修改 Hive 的参数 hive.exec.dynamic.partition.mode 为非严格（nonstrict）模式，该参数的默认值为 strict（严格模式）。修改参数 hive.exec.dynamic.partition.mode 的方法如下。

```
#在 Worker1 主机中打开配置文件 hive-site.xml
[hadoop@Worker1 ~]$ gedit /usr/local/hive/conf/hive-site.xml
#在<configuration>标签下方添加如下配置信息
<property>
    <name>hive.exec.dynamic.partition.mode</name>
    <value>nonstrict</value>
</property>
```

小提示

hive-site.xml 配置完成后，需要在 Worker1 主机中重新启动 HiveServer2 服务，使配置内容生效。

【例 4-6】 查询数据库 hive_database 中桶表 bucket_table 的数据，并将查询结果插入新建的分区表 nostrict_table 中。

（1）切换至数据库 hive_database。

（2）执行如下语句，创建分区表 nostrict_table，用于存储查询结果。

```
…/> CREATE TABLE IF NOT EXISTS nostrict_table
  > (student_id STRING, student_name STRING)
```

```
> PARTITIONED BY (college STRING)
> ROW FORMAT DELIMITED
> FIELDS TERMINATED BY ','
> LINES TERMINATED BY '\n';
```

（3）执行如下语句，查询桶表 bucket_table 中 student_id、student_name 和 college 字段的数据，并将查询结果插入分区表 nostrict_table 中。

```
.../> INSERT INTO TABLE nostrict_table
> PARTITION(college)
> SELECT student_id,student_name,college FROM bucket_table;
```

（4）执行如下语句，查询分区表 nostrict_table 中的数据，结果如图 4-9 所示。

```
.../> SELECT * FROM nostrict_table;
```

```
0: jdbc:hive2://Worker1:10000/> SELECT * FROM nostrict_table;
+-----------------------------+-------------------------------+--------------------------+
| nostrict_table.student_id   | nostrict_table.student_name   | nostrict_table.college   |
+-----------------------------+-------------------------------+--------------------------+
| 2023920103                  | 李四                          | Art                      |
| 2023910186                  | 赵四                          | Computer                 |
| 2023930116                  | 王二                          | Computer                 |
| 2023930216                  | 张五                          | English                  |
| 2023910660                  | 张三                          | English                  |
+-----------------------------+-------------------------------+--------------------------+
```

图 4-9　分区表 nostrict_table 中的数据

智慧解析

对比图 4-9 和图 4-5 可以看出，分区表 nostrict_table 中已成功插入了桶表 bucket_table 的 5 条数据。

（5）执行如下语句，显示分区表 nostrict_table 的分区，结果如图 4-10 所示。

```
.../> SHOW PARTITIONS nostrict_table;
```

```
0: jdbc:hive2://Worker1:10000/> SHOW PARTITIONS nostrict_table;
+--------------------+
|     partition      |
+--------------------+
| college=Art        |
| college=Computer   |
| college=English    |
+--------------------+
```

图 4-10　分区表 nostrict_table 的分区

智慧解析

从图 4-10 中可以看出，分区字段 college 将桶表 bucket_table 中的数据动态划分为 3 个分区，即 college=Art、college=Computer 和 college=English。

4.1.3　CREATE…AS 导入数据

在 Hive 中，可以使用 CREATE…AS 语句创建新表，同时将数据查询结果导入新表中。CREATE…AS 导入数据的语法格式如下。

```
CREATE TABLE [IF NOT EXISTS] [database_name.]new_table AS
SELECT select_expr FROM table_reference;
```

其中，[database_name.]new_table 表示新建的表名。

【例 4-7】 在数据库 hive_database 中创建表 as_table，同时查询桶表 bucket_table 中的数据，并将查询结果导入表 as_table 中。

（1）切换至数据库 hive_database。

（2）执行如下语句，创建表 as_table，同时查询桶表 bucket_table 中的数据，并将查询结果导入表 as_table 中。

```
…/> CREATE TABLE IF NOT EXISTS as_table AS
  > SELECT student_id, student_name FROM bucket_table;
```

（3）执行如下语句，查询表 as_table 中的数据，结果如图 4-11 所示。

```
…/> SELECT * FROM as_table;
```

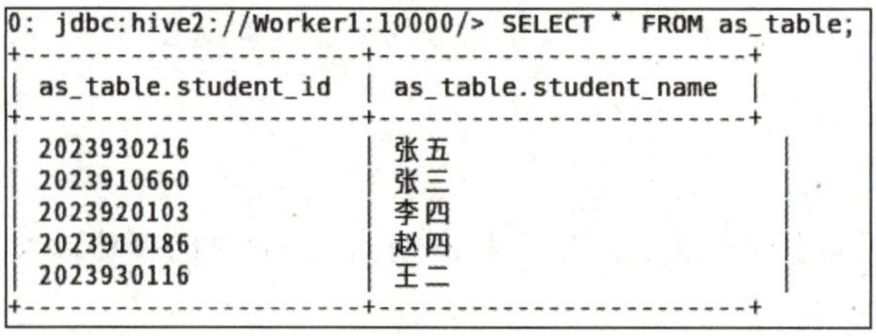
0: jdbc:hive2://Worker1:10000/> SELECT * FROM as_table;

as_table.student_id	as_table.student_name
2023930216	张五
2023910660	张三
2023920103	李四
2023910186	赵四
2023930116	王二

图 4-11　表 as_table 中的数据

智慧解析

对比图 4-11 和图 4-5 可以看出，表 as_table 中的数据与从桶表 bucket_table 中查询的数据一致，证明数据导入成功。

4.1.4　IMPORT 导入表

在 Hive 中，可以使用 IMPORT 语句导入使用 EXPORT 语句导出的表，包括表的元数据和实际数据。IMPORT 导入表的语法格式如下。

```
IMPORT [[EXTERNAL] TABLE new_or_original_tablename
[PARTITION(partition_column=partition_col_value), …]]
```

```
FROM hdfs_path
[LOCATION import_location];
```

上述语法格式的详细解释如下。

- IMPORT [EXTERNAL] TABLE：导入表的关键字。其中，EXTERNAL 为可选项，用于指定导入的表为外部表。
- new_or_original_tablename：表示目标表的名称。
- FROM hdfs_path：用于指定导入的表或分区的元数据和实际数据在 HDFS 中的存储位置。
- LOCATION import_location：可选项，用于在导入外部表时指定数据在 HDFS 中的存储位置。

【例 4-8】 将 HDFS 的“/user/hive_data/test_import”目录中的元数据和实际数据导入数据库 hive_database 中。

（1）切换至数据库 hive_database。

（2）在 Worker1 终端执行如下命令，将本地文件系统的“/usr/local/hive/hive_data”目录中的文件夹“test_import”上传至 HDFS 的“/user/hive_data”目录中。

```
[hadoop@Worker1 ~]$ hdfs dfs -put /usr/local/hive/hive_data/
test_import /user/hive_data
```

小提示

文件夹“test_import”中包含需要导入的表的元数据和实际数据。

（3）执行如下语句，将 HDFS 的“/user/hive_data/test_import”目录中的元数据和实际数据导入数据库中。

```
.../> IMPORT TABLE test_import
   > FROM '/user/hive_data/test_import';
```

小提示

在导入表之前，如果数据库中已经存在表 test_import，则 Hive 会将实际数据导入已经存在的表 test_import 中；如果数据库中不存在表 test_import，则 Hive 会根据元数据新建表 test_import，并导入实际数据。需要注意的是，已经存在的表 test_import 的元数据必须与要导入的元数据一致，且表中不能存在数据，否则导入表操作将会失败。

（4）执行如下语句，查询表 test_import 中的数据，结果如图 4-12 所示。

```
.../> SELECT * FROM test_import;
```

```
0: jdbc:hive2://Worker1:10000/> SELECT * FROM test_import;
+---------------------------+-------------------------------+--------------------------+--------------------+
| test_import.student_id   | test_import.student_name     | test_import.college     | test_import.class |
+---------------------------+-------------------------------+--------------------------+--------------------+
| 2023930216               | 张五                          | English                 | 3班               |
| 2023910660               | 张三                          | English                 | 1班               |
| 2023910186               | 赵四                          | Computer                | 1班               |
| 2023930116               | 王二                          | Computer                | 3班               |
| 2023920103               | 李四                          | Art                     | 2班               |
+---------------------------+-------------------------------+--------------------------+--------------------+
```

图 4-12 表 test_import 中的数据

4.2 数据导出

数据导出是指将 Hive 表中的数据以某种格式从 Hive 环境中提取出来，并保存到外部存储介质（如本地文件系统、HDFS、数据库等）中的过程。在 Hive 中，可以使用 INSERT OVERWRITE 语句导出表中的数据；也可以使用 EXPORT 语句导出表。

4.2.1 INSERT OVERWRITE 导出数据

在 Hive 中，可以使用 INSERT OVERWRITE 语句将从 Hive 表中查询的数据导出到本地文件系统或 HDFS 的一个或多个目录中。

INSERT OVERWRITE 导出数据到一个目录中的语法格式如下。

```
INSERT OVERWRITE [LOCAL] DIRECTORY filepath
[ROW FORMAT row_format] [STORED AS file_format]
SELECT select_expr FROM table_reference;
```

上述语法格式的详细解释如下。

- INSERT OVERWRITE [LOCAL] DIRECTORY filepath：采用覆盖的方式导出数据到指定目录中。其中，LOCAL 为可选项，表示将 Hive 表中的数据导出到本地文件系统的 filepath 目录中。若不使用 LOCAL，则默认将数据导出到 HDFS 的 filepath 目录中。
- ROW FORMAT row_format：可选项，用于指定导出数据时使用的分隔符。如果不指定分隔符，则使用默认分隔符。其中，默认的字段分隔符为制表符（\t）；默认的行分隔符为换行符（\n）。
- STORED AS file_format：可选项，用于指定输出文件的存储格式。如果不指定存储格式，则使用默认存储格式 TextFile。

INSERT OVERWRITE 导出数据到多个目录中的语法格式如下。

```
FROM table_reference
INSERT OVERWRITE [LOCAL] DIRECTORY 'filepath1'
```

```
[ROW FORMAT row_format] [STORED AS file_format]
SELECT select_expr1
INSERT OVERWRITE [LOCAL] DIRECTORY 'filepath2'
[ROW FORMAT row_format] [STORED AS file_format]
SELECT select_expr2
…;
```

【例 4-9】 导出数据库 hive_database 中外部表 external_table 的所有数据，执行的语句如下。

```
…/> USE hive_database;
…/> INSERT OVERWRITE LOCAL DIRECTORY
  > '/usr/local/hive/hive_data/test'
  > ROW FORMAT DELIMITED
  > FIELDS TERMINATED BY ','
  > COLLECTION ITEMS TERMINATED BY '_'
  > MAP KEYS TERMINATED BY ':'
  > LINES TERMINATED BY '\n'
  > SELECT * FROM external_table;
```

智慧解析

导出数据成功后，Worker1 主机的本地文件系统的“/usr/local/hive/hive_data”目录中会生成一个“test”文件夹，该文件夹中包含“000000_0”文件。其中，“000000_0”文件用于保存从外部表 external_table 中查询到的数据。

小试牛刀

请同学们将外部表 external_table 的所有数据分别导出到 Worker1 主机的“/usr/local/hive/hive_data/test1”和“/usr/local/hive/hive_data/test2”目录中。

4.2.2 EXPORT 导出表

在 Hive 中，可以使用 EXPORT 语句将 Hive 表导出到 HDFS 中，包括表的元数据和实际数据。EXPORT 导出表的语法格式如下。

```
EXPORT TABLE [database_name.]table_name
[PARTITION (partition_column=partition_col_value, …)]
TO hdfs_path;
```

上述语法格式的详细解释如下。

- EXPORT TABLE：导出表的关键字。
- TO hdfs_path：用于指定导出表的元数据和实际数据在 HDFS 中的存储位置。
- PARTITION（partition_column=partition_col_value，…）：可选项，用于导出分区表的指定分区。

【例 4-10】 导出数据库 hive_database 中的桶表 bucket_table。

（1）切换至数据库 hive_database。

（2）执行如下语句，将桶表 bucket_table 导出到 HDFS 的“/user/hive_data/test0”目录中。

```
…/> EXPORT TABLE bucket_table TO '/user/hive_data/test0';
```

（3）在 Worker1 主机上执行如下命令，查看 HDFS 的“/user/hive_data/test0”目录中包含的内容，结果如图 4-13 所示。

```
[hadoop@Worker1 ~]$ hdfs dfs -ls '/user/hive_data/test0'
```

```
[hadoop@Worker1 ~]$ hdfs dfs -ls '/user/hive_data/test0'
Found 2 items
-rw-r--r--   3 hadoop supergroup       1715 2024-01-16 17:53 /user/hive_data/test0/_metadata
drwxr-xr-x   - hadoop supergroup          0 2024-01-16 17:53 /user/hive_data/test0/data
```

图 4-13 “/user/hive_data/test0”目录中包含的内容

（4）在 Worker1 主机上执行如下命令，查看 HDFS 的“/user/hive_data/test0/data”目录中包含的内容，结果如图 4-14 所示。

```
[hadoop@Worker1 ~]$ hdfs dfs -ls '/user/hive_data/test0/data'
```

```
[hadoop@Worker1 ~]$ hdfs dfs -ls '/user/hive_data/test0/data'
Found 3 items
-rw-r--r--   3 hadoop supergroup         62 2024-01-16 17:53 /user/hive_data/test0/data/000000_0
-rw-r--r--   3 hadoop supergroup         91 2024-01-16 17:53 /user/hive_data/test0/data/000001_0
-rw-r--r--   3 hadoop supergroup          0 2024-01-16 17:53 /user/hive_data/test0/data/000002_0
```

图 4-14 “/user/hive_data/test0/data”目录中包含的内容

智慧解析

从图 4-13 中可以看出，HDFS 的“/user/hive_data”目录中生成了一个“test0”文件夹，该文件夹中包含“_metadata”文件和“data”文件夹。其中，“_metadata”文件是表的元数据文件，它包含表的详细信息，如数据类型、分隔符和字段名等。从图 4-14 中可以看出，“data”文件夹中包含“000000_0”“000001_0”和“000002_0”3 个文件，用于存储桶表 bucket_table 中 3 个分桶的数据。

知识拓展

Sqoop 是一个用于在 Hadoop 和关系型数据库（如 MySQL、Oracle、SQL Server 等）之间进行数据传输的工具。它可以从关系型数据库中读取数据，并将这些数据导入 HDFS 中；也可以将 HDFS 中的数据导出到关系型数据库中。

项目实施——向影视分析数据仓库中导入数据

影视分析数据仓库的存储结构定义完成后，某影视公司还需要使用合适的方法将数据导入数据仓库各层的表中，方便后续查询和分析电影数据。

向影视分析数据仓库中导入数据

1. 向源数据层导入数据

原始数据保存在本地文件系统的“/usr/local/hive/hive_data/movie/ratings.txt”文件中，将原始数据导入电影评分表 movies_ods_table 中。

步骤 1 执行如下语句，向数据库 movies_ods_database 的电影评分表 movies_ods_table 中导入数据。

```
.../> USE movies_ods_database;
.../> LOAD DATA LOCAL INPATH
  > '/usr/local/hive/hive_data/movie/ratings.txt'
  > OVERWRITE INTO TABLE movies_ods_table;
```

步骤 2 执行如下语句，查询电影评分表 movies_ods_table 中的前 10 条电影名称数据，验证数据是否导入成功。如果能够显示出数据，则证明数据导入成功，结果如图 4-15 所示。

```
.../> SELECT movie_name FROM movies_ods_table LIMIT 10;
```

```
0: jdbc:hive2://Worker1:10000/> SELECT movie_name FROM movies_ods_table LIMIT 10;
+----------------------------------------+
|               movie_name               |
+----------------------------------------+
| One Flew Over the Cuckoo's Nest (1975) |
| James and the Giant Peach (1996)       |
| My Fair Lady (1964)                    |
| Erin Brockovich (2000)                 |
| Bug's Life, A (1998)                   |
| Princess Bride, The (1987)             |
| Ben-Hur (1959)                         |
| Christmas Story, A (1983)              |
| Snow White and the Seven Dwarfs (1937) |
| Wizard of Oz, The (1939)               |
+----------------------------------------+
```

图 4-15　电影评分表 movies_ods_table 中的前 10 条电影名称数据

2. 向数据仓库层的明细层导入数据

明细层的数据来自源数据层的电影评分表 movies_ods_table，查询并处理该表中的数据，并将查询和处理结果导入明细层的表中。

步骤 1 执行如下语句，使用动态分区的方式向数据库 movies_dwd_database 的电影评分明细表 movies_dwd_table 中导入数据。

```
.../> USE movies_dwd_database;
--将 JAR 文件添加至 Hive 中
.../> ADD JAR /usr/local/hive/lib/hive-contrib-3.1.3.jar;
--向电影评分明细表 movies_dwd_table 中导入数据
.../> INSERT OVERWRITE TABLE movies_dwd_table
  > PARTITION (release_year)
  > SELECT user_id, movie_id, sex, age,
  > occupation, zipcode,
  > SUBSTRING_INDEX(movie_name, '(', 1) AS movie_name,
  > movie_type, rate, times,
  > SUBSTRING_INDEX (
  > SUBSTRING_INDEX (movie_name, '(', -1), ')', 1)AS release_year
  > FROM movies_ods_database.movies_ods_table;
```

高手点拨

由于创建电影评分表 movies_ods_table 时使用了 org.apache.hadoop.hive.contrib.serde2.MultiDelimitSerDe 类指定分隔符，因此需要执行“ADD JAR /usr/local/hive/lib/hive-contrib-3.1.3.jar;”语句将该类的 JAR 文件添加至 Hive 中。

“SUBSTRING_INDEX(movie_name, '(', 1)”表示将电影名称（movie_name）字段的值作为输入，并以左括号作为分隔符，返回第一个左括号左边的所有内容。该内容为不含上映时间的电影名称。

“SUBSTRING_INDEX (SUBSTRING_INDEX (movie_name, '(', -1), ')', 1)”表示先返回电影名称（movie_name）字段值中最后一个左括号右边的所有内容，然后再返回该内容中第一个右括号左边的内容。最后返回的内容为电影上映时间（release_year）字段的值。

步骤 2 执行如下语句，查询电影评分明细表 movies_dwd_table 中的数据，验证数据是否导入成功。如果数据按照上映年份分区存储，则证明数据导入成功。

```
.../> SELECT * FROM movies_dwd_table;
```

3. 向数据仓库层的中间层导入数据

中间层的数据来自明细层中的电影评分明细表 movies_dwd_table，查询并汇总该表中的数据，并将查询和汇总结果分别导入中间层的用户表 users_dwm_table、电影数据表 movies_dwm_table 和评分表 ratings_dwm_table 中。

步骤 1 执行如下语句，向数据库 movies_dwm_database 的用户表 users_dwm_table 中导入数据。

```
.../> USE movies_dwm_database;
.../> INSERT INTO TABLE users_dwm_table
  > PARTITION (sex)
  >  SELECT DISTINCT  user_id, age,
  > occupation, zipcode, sex
  > FROM movies_dwd_database.movies_dwd_table;
```

高手点拨

由于一个用户能够评价多部电影，因此使用 DISTINCT 关键字对用户数据去重，从而保证每个用户数据只导入一次。

步骤 2 查询用户表 users_dwm_table 的数据，验证数据是否导入成功。

步骤 3 执行如下语句，向数据库 movies_dwm_database 的电影数据表 movies_dwm_table 中导入数据。

```
.../> INSERT INTO TABLE movies_dwm_table
  > PARTITION (release_year)
  > SELECT distinct movie_id,
  > movie_name, movie_type, release_year
  > FROM movies_dwd_database.movies_dwd_table;
```

步骤 4 查询电影数据表 movies_dwm_table 的数据，验证数据是否导入成功。

步骤 5 执行如下语句，向数据库 movies_dwm_database 的评分表 ratings_dwm_table 中导入数据。

```
.../> INSERT INTO TABLE ratings_dwm_table
  > SELECT user_id, movie_id, rate, times
  > FROM movies_dwd_database.movies_dwd_table;
```

步骤 6 查询评分表 ratings_dwm_table 中的数据，验证数据是否导入成功。

4. 向数据仓库层的业务层导入数据

业务层的数据来自明细层或中间层的表，查询并统计表中的数据，并将查询和统计结果导入业务层的评分次数宽表 ratingsCount_dws_table 和平均评分宽表 ratingsAvg_dws_table 中。

步骤 1 执行如下语句，统计每部电影的评分次数，并将统计结果导入数据库 movies_dws_database 的评分次数宽表 ratingsCount_dws_table 中。

```
.../> USE movies_dws_database;
.../> INSERT INTO TABLE ratingsCount_dws_table
```

```
> PARTITION (release_year)
> SELECT COUNT(*) AS ratingcount,
> movie_name,
> '-1' movie_type,
> '-1' age,
> '-1' sex,
> '1' group_type,
> release_year
> FROM movies_dwd_database.movies_dwd_table
> GROUP BY movie_name, release_year;
```

高手点拨

（1）使用 INSERT INTO 语句向评分次数宽表 ratingsCount_dws_table 中插入数据。

（2）使用 PARTITION 进行动态分区插入数据，按照 release_year 字段进行分区。

（3）使用 COUNT()函数计算每部电影的评分次数。

（4）将 movie_type、age 和 sex 字段设置为-1。在含有 GROUP BY 语句的查询中，SELECT 语句后面只能包含函数、指定值的字段或 GROUP BY 语句中的字段。

（5）将 group_type 的值设置为 1，因为当 group_type 为 1 时代表电影名称维度。

（6）从电影评分明细表 movies_dwd_table 中查询数据。因为评分次数宽表 ratingsCount_dws_table 中包括中间层 3 个表的字段，直接从电影评分明细表 movies_dwd_table 的整体数据中查询数据更加方便。

（7）使用 GROUP BY 语句将数据按照 movie_name 和 release_year 字段进行分组。

考虑知识结构的合理性，本项目实施中用到了 Hive 数据查询和 Hive 函数的相关知识。读者可以学完项目 5 和项目 6 的内容后，再次回顾本项目实施的内容。

步骤 2 执行如下语句，查询评分次数宽表 ratingsCount_dws_table 中的数据，验证数据是否导入成功。如果能够显示出数据，则证明数据导入成功，如图 4-16 所示。

```
.../> SELECT * FROM ratingsCount_dws_table
 > WHERE group_type='1'
 > LIMIT 10;
```

```
0: jdbc:hive2://Worker1:10000/> SELECT * FROM ratingsCount_dws_table
. . . . . . . . . . . . . . . > WHERE group_type='1'
. . . . . . . . . . . . . . . > LIMIT 10;
```

ratingscount_dws_table.ratingcount	ratingscount_dws_table.movie_name	ratingscount_dws_table.movie_type	ratingscount_dws_table.age	ratingscount_dws_table.sex	ratingscount_dws_table.group_type	ratingscount_dws_table.release_year
38	Daddy Long Legs	-1	-1	-1	1	1919
3	Male and Female	-1	-1	-1	1	1919
4	Spiders, The	-1	-1	-1	1	1919
24	Dog's Life, A	-1	-1	-1	1	1920
62	Kid, The	-1	-1	-1	1	1921
238	Nosferatu	-1	-1	-1	1	1922
9	Three Ages, The	-1	-1	-1	1	1923
8	Woman of Paris, A	-1	-1	-1	1	1923
234	Battleship Potemkin, The	-1	-1	-1	1	1925
5	Cobra	-1	-1	-1	1	1925

图 4-16　评分次数宽表 ratingsCount_dws_table 中的数据

步骤 3 执行如下语句，统计不同类型电影的评分次数，并将统计结果导入数据库 movies_dws_database 的评分次数宽表 ratingsCount_dws_table 中。

```
.../> INSERT INTO TABLE ratingsCount_dws_table
   > PARTITION (release_year)
   > SELECT COUNT(*) AS ratingcount,
   > '-1' movie_name,
   > movie_type,
   > '-1' age,
   > '-1' sex,
   > '2' group_type,
   > release_year
   > FROM movies_dwd_database.movies_dwd_table
   > GROUP BY movie_type, release_year;
```

步骤 4 执行如下语句，统计不同年龄的评分次数，并将统计结果导入数据库 movies_dws_database 的评分次数宽表 ratingsCount_dws_table 中。

```
.../> INSERT INTO TABLE ratingsCount_dws_table
   > PARTITION (release_year)
   > SELECT COUNT(*) AS ratingcount,
   > '-1' movie_name,
   > '-1' movie_type,
   > age,
   > '-1' sex,
   > '3' group_type,
   > release_year
   > FROM movies_dwd_database.movies_dwd_table
   > GROUP BY age, release_year;
```

步骤 5 执行如下语句，统计不同性别的评分次数，并将统计结果导入数据库 movies_dws_database 的评分次数宽表 ratingsCount_dws_table 中。

```
.../> INSERT INTO TABLE ratingsCount_dws_table
   > PARTITION (release_year)
   > SELECT COUNT(*) AS ratingcount,
   > '-1' movie_name,
   > '-1' movie_type,
   > '-1' age,
```

```
> sex,
> '4' group_type,
> release_year
> FROM movies_dwd_database.movies_dwd_table
> GROUP BY sex, release_year;
```

步骤 6 执行如下语句，统计每部电影的平均评分，并将统计结果导入数据库 movies_dws_database 的平均评分宽表 ratingsAvg_dws_table 中。

```
.../> INSERT INTO TABLE ratingsAvg_dws_table
> PARTITION (release_year)
> SELECT AVG(rate) AS ratingavg,
> movie_name,
> '-1' movie_type,
> '1' group_type,
> release_year
> FROM movies_dwm_database.movies_dwm_table m
> JOIN movies_dwm_database.ratings_dwm_table r
> ON m.movie_id = r.movie_id
> GROUP BY movie_name, release_year;
```

高手点拨

因为平均评分宽表 ratingsAvg_dws_table 中只涉及电影数据和评分数据，因此可以选择从中间层的电影数据表 movies_dwm_table 和评分表 ratings_dwm_table 中查询所需数据，而不是从电影评分明细表 movies_dwd_table 中查询所需数据，这样可以有效减少查询过程中遍历的数据数量。

步骤 7 执行如下语句，统计每种电影类型的平均评分，并将统计结果导入数据库 movies_dws_database 的平均评分宽表 ratingsAvg_dws_table 中。

```
.../> INSERT INTO TABLE ratingsAvg_dws_table
> PARTITION (release_year)
> SELECT AVG(rate) AS ratingavg,
> '-1' movie_name,
> movie_type,
> '2' group_type,
> release_year
> FROM movies_dwm_database.movies_dwm_table m
```

```
> JOIN movies_dwm_database.ratings_dwm_table r
> ON m.movie_id = r.movie_id
> GROUP BY movie_type, release_year;
```

步骤 8 查询评分次数宽表 ratingsCount_dws_table 和平均评分宽表 ratingsAvg_dws_table 中的数据，验证数据是否导入成功。

素养之窗

空谈误国，实干兴邦。现代青年要志存高远、脚踏实地、行循自然、学好知识、打好基础、增长才干，将来为中华民族伟大复兴贡献自己的智慧和力量。

在学习 Hive 数据仓库技术的相关知识时，许多细节仅靠简单看书是不够的，一定要多动手实践，夯实基础，这样才能真正学透知识，为行业发展贡献自己的一份力量。

项目实训

1. 实训目的

（1）掌握 LOAD 加载数据操作。

（2）掌握 INSERT 插入数据操作。

2. 实训内容

使用合适的方法将数据导入网站流量分析数据仓库各层的表中，方便后续查询和统计网站的流量数据。

（1）向源数据层导入数据。

① 向数据库 web_ods_database 的外部表 weblog_ods_table 中导入本地文件“/usr/local/hive/hive_data/web/phone.txt”中的数据。

② 向数据库 web_ods_database 的外部表 phone_ods_table 中导入本地文件“/usr/local/hive/hive_data/web/http.log”中的数据。

（2）向数据仓库层的明细层中导入数据。连接查询数据库 web_ods_database 中外部表 weblog_ods_table 和外部表 phone_ods_table 的数据，连接条件为两个表中的 phone_numpart 字段值相等，并将查询结果导入数据库 web_dwd_database 的明细表 web_dwd_table 中。

（3）向数据仓库层的业务层中导入数据。查询数据库 web_dwd_database 中明细表 web_dwd_table 的数据，并将查询结果导入数据库 web_dws_database 的宽表

stream_dws_table 中。

3. 实训小结

按要求完成实训内容，并将实训过程中遇到的问题和解决办法记录在表 4-1 中。

表 4-1 实训过程中遇到的问题和解决办法

序 号	主要问题	解决办法
1		
2		
3		
4		
5		

项目总结

完成本项目的学习与实践后，请总结应掌握的重点内容，并将图 4-17 中的空白处填写完整。

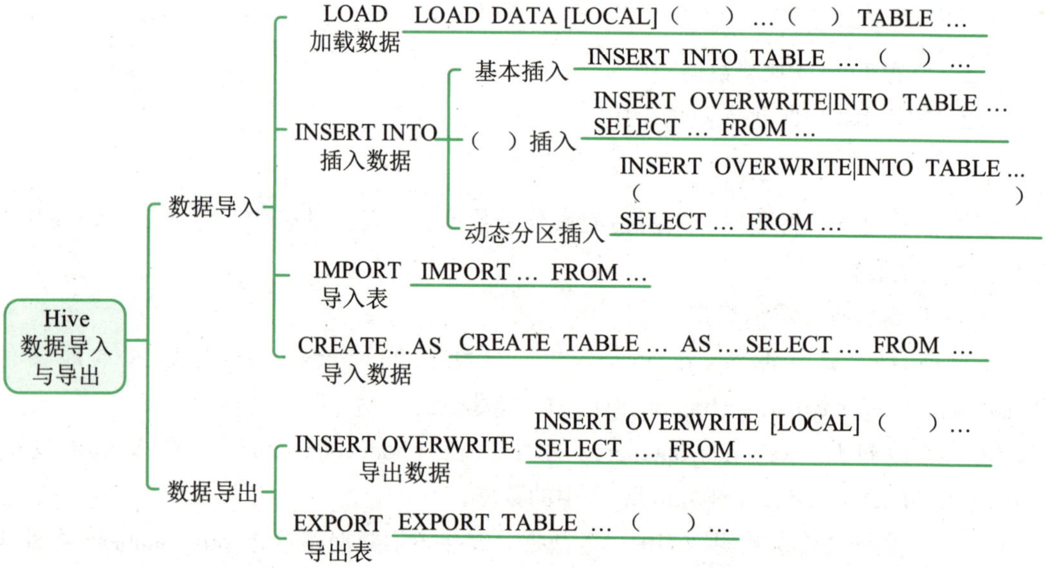

图 4-17 项目总结

项目考核

1. 选择题

（1）在 Hive 中，使用（　　）语句可以将存储在本地文件系统或 HDFS 中的数据加载到 Hive 表中。

A. LOAD [LOCAL] DATA INPATH … INTO TABLE …

B. LOAD DATA [LOCAL] INPATH … INTO TABLE …

C. LOAD DATA EXTERNAL INPATH … INTO TABLE …

D. LOAD DATA INTERNAL INPATH … INTO TABLE …

（2）在 Hive 中，使用（　　）语句可以手动向 Hive 表中插入一条或多条数据。

A. INSERT TABLE … VALUES …

B. INSERT INTO TABLE… VALUES …

C. LOAD DATA INPATH … INTO TABLE …

D. EXPORT TABLE… VALUES …

（3）在 Hive 中，使用（　　）语句可以将单表查询的结果插入 Hive 表中。

A. EXPORT INTO TABLE … FROM …

B. IMPORT INTO TABLE … FROM …

C. INSERT OVERWRITE|INTO TABLE … FROM …

D. INSERT OVERWRITE|INTO TABLE … SELECT … FROM …

（4）在 Hive 中，使用（　　）语句可以导入使用 EXPORT 语句导出的表。

A. INSERT OVERWRITE|INTO TABLE …SELECT … FROM …

B. EXPORT TABLE … FROM …

C. IMPORT TABLE … FROM …

D. CRESTE TABLE … FROM …

（5）在 Hive 中，使用（　　）语句可以将从 Hive 表中查询的数据导出到本地文件系统的文件中。

A. INSERT OVERWRITE DIRECTORY filepath …

B. INSERT OVERWRITE filepath …

C. INSERT OVERWRITE LOCAL DIRECTORY filepath …

D. INSERT INTO TABLE …

（6）在 Hive 中，可以使用（　　）关键字将 Hive 表导出到 HDFS 中。

A. EXPORT　　　　B. CREATE

C. IMPORT　　　　D. CREATE…AS

2. 判断题

（1）在 Hive 中，可以使用 LOAD 语句将本地文件系统中的数据加载到 Hive 表中。（　　）

（2）在 Hive 中，可以使用 INSERT 语句实现基本插入、查询插入和动态分区插入。（　　）

（3）在 Hive 中，可以使用 IMPORT 语句导入使用 INSERT OVERWRITE 语句导出的数据。（　　）

（4）多表查询插入是将多个表的查询结果插入多张表。（　　）

（5）在 Hive 中，可以使用 INSERT OVERWRITE 语句将 Hive 表中的数据导出到本地文件系统或 HDFS 的一个或多个目录中。（　　）

3. 简答题

（1）简述常用的数据导入方式。

（2）简述 LOAD 加载数据和 INSERT 插入数据的异同。

（3）简述常用的数据导出方式。

4. 操作题

（1）本书配套素材中“book.txt”文件包含 book_id、book_name、book_price 和 year 等信息。创建分区表 book_table，分区字段为 year，并将“book.txt”文件中的数据导入分区表 book_table 中。

（2）查询分区表 book_table 中的 book_id、book_name 和 year 字段，并将查询结果以动态分区的方式导入新建的表 book_insert 中。

（3）将表 book_insert 中的所有数据导出到 HDFS 的“/user/hive/book_output”目录中。

项目评价

请学生结合本项目的学习情况，对学习成果进行自评和互评（组内成员相互评分），请指导教师进行师评和总评，并将评价结果填入表 4-2 中。

表 4-2　学习成果评价表

评价项目	评价内容	评价分数			
		分值	自评	互评	师评
项目完成度（20%）	项目准备阶段，回答问题清晰准确，紧扣主题，没有明显错误	5 分			
	项目实施阶段，根据操作步骤完成本项目	5 分			
	项目实训阶段，出色地完成实训内容	5 分			
	项目总结阶段，将项目总结的空白信息补充完整	2 分			
	项目考核阶段，完成考核题目	3 分			
知识（30%）	导入数据的语法格式	15 分			
	导出数据的语法格式	15 分			
技能（35%）	使用 LOAD 语句向表中加载数据	5 分			
	使用 INSERT 语句向表中插入数据	10 分			
	使用 CREATE…AS 语句创建表并导入数据	5 分			
	使用 IMPORT 语句导入表	5 分			
	使用 INSERT OVERWRITE 语句从表中导出数据	5 分			
	使用 EXPORT 语句导出表	5 分			
素养（15%）	具有自主学习意识，做好课前准备	5 分			
	善于思考，积极参与，勇于提出问题	5 分			
	具有团队合作精神，出色完成小组任务	5 分			
合计		100 分			
总评	综合得分：＿＿＿＿＿＿	指导教师签字：＿＿＿＿＿＿			
	综合等级：＿＿＿＿＿＿				

注：综合得分可按照“自评（25%）+互评（25%）+师评（50%）”进行计算；综合等级可以“优”（综合得分≥90 分）、“良”（80 分≤综合得分<90 分）、“中”（60 分≤综合得分<80 分）、“差”（综合得分<60 分）为标准进行评价。

项目 5
Hive 数据查询

项目目标

知识目标

- 掌握简单查询的基本语法格式。
- 掌握条件查询的基本语法格式。
- 掌握分组查询的基本语法格式。
- 掌握排序查询的基本语法格式。
- 掌握连接查询的基本语法格式。
- 掌握抽样查询的基本语法格式。

技能目标

- 能够使用条件语句、分组语句、排序语句或连接语句查询表中数据。
- 能够使用抽样查询抽取表中数据，并进行数据查询。

素养目标

- 培养持续学习的能力，能够及时掌握新技术和工具，并将其应用到实际项目中。

项目描述

Hive 提供了多种数据查询方法，如简单查询、条件查询、分组查询、排序查询、连接查询和抽样查询等。使用这些方法，用户可以在大规模数据集上进行复杂的数据查询和分析操作，从而更好地利用大数据资源。某影视公司计划使用不同的数据查询方法查询并分析影视分析数据仓库中的电影评分数据，从而为公司的影视分析业务提供更具针对性和有效性的数据支持。

项目分析

查询并分析电影评分数据可以分为两部分。

（1）查询并分析评分次数宽表中的数据。按照电影名称维度、电影类型维度、用户年龄段维度和用户性别维度，查询评分次数排名前 10 的电影、评分次数最多的电影类型、不同年龄段用户的评分次数、不同性别用户的评分次数。

（2）查询并分析平均评分宽表中的数据。按照电影名称维度和电影类型维度，查询平均评分排名前 3 的电影和平均评分排名前 5 的电影类型。

为了能够顺利查询并分析电影评分数据，本项目将先对 Hive 数据查询的相关知识进行介绍，包括简单查询、条件查询、分组查询、排序查询、连接查询和抽样查询等。

项目准备

全班学生以 3～5 人为一组进行分组，各组选出组长。组长组织组员扫码观看“Hive 数据查询概述”视频，讨论并回答下列问题。

问题 1：简述 Hive 数据查询的定义。

Hive 数据查询概述

问题 2：简述 Hive 数据查询的分类。

5.1 简单查询

简单查询是指直接查询表中指定字段的数据。在 Hive 中，可以使用 SELECT…FROM 语句实现简单查询，其基本语法格式如下。

```
SELECT [ALL|DISTINCT] select_expr [[AS] new_name]
FROM table_reference
[LIMIT [offset,] rows];
```

上述语法格式的详细解释如下。

- SELECT：查询数据的关键字。
- ALL|DISTINCT：可选项，用于指定是否返回去重后的查询结果。其中，ALL 为默认值，表示返回全部查询结果；DISTINCT 表示返回去重后的查询结果。
- select_expr：表示查询的字段或含有字段的表达式。当 select_expr 为“*”时，表示查询表中的所有字段。
- [AS] new_name：可选项，用于指定字段的别名为 new_name。其中，AS 关键字为可选项，可以省略。
- FROM table_reference：用于指定实际查询的表、视图或子查询。
- LIMIT [offset,] rows：可选项，用于限制返回结果的起始位置和数据行数。其中，offset 为可选项，表示返回结果的起始位置，不使用该参数时，起始位置默认为 0；rows 表示返回结果的数据行数。

【例 5-1】 查询数据库 hive_database 中外部表 external_table 的数据。

（1）切换至数据库 hive_database。

（2）执行如下语句，查询外部表 external_table 的所有字段，并返回所有数据，结果如图 5-1 所示。

```
…/> SELECT * FROM external_table;
```

external_table.id	external_table.name	external_table.class	external_table.gender	external_table.hobbies	external_table.contact_info	external_table.address
2023910660	张三	1班	男	["音乐","游泳"]	{"邮箱":"San@163.com","电话":"150****1221"}	{"city":"武汉","province":"湖北"}
2023920103	李四	2班	男	["绘画","骑行"]	{"邮箱":"Si@163.com","电话":"184****1230"}	{"city":"郑州","province":"河南"}
2023930116	王二	3班	男	["魔术","象棋"]	{"邮箱":"Er@163.com","电话":"182****5642"}	{"city":"西安","province":"陕西"}
2023910661	王五	1班	女	["音乐","绘画"]	{"邮箱":"Wu@163.com","电话":"150****1223"}	{"city":"南京","province":"江苏"}
2023920104	赵六	2班	女	["音乐","骑行"]	{"邮箱":"Liu@163.com","电话":"184****1235"}	{"city":"北京","province":"北京"}

图 5-1 外部表 external_table 中的所有数据

（3）执行如下语句，查询外部表 external_table 的所有字段，并返回前 3 行数据，结果如图 5-2 所示。

```
…/> SELECT * FROM external_table LIMIT 3;
```

external_table.id	external_table.name	external_table.class	external_table.gender	external_table.hobbies	external_table.contact_info	external_table.address
2023910660	张三	1班	男	["音乐","游泳"]	{"邮箱":"San@163.com","电话":"150****1221"}	{"city":"武汉","province":"湖北"}
2023920103	李四	2班	男	["绘画","骑行"]	{"邮箱":"Si@163.com","电话":"184****1230"}	{"city":"郑州","province":"河南"}
2023930116	王二	3班	男	["魔术","象棋"]	{"邮箱":"Er@163.com","电话":"182****5642"}	{"city":"西安","province":"陕西"}

图 5-2　外部表 external_table 中的前 3 行数据

（4）执行如下语句，查询外部表 external_table 中每个学生的第一个爱好、邮箱、电话和所在城市，结果如图 5-3 所示。

```
.../> SELECT name, hobbies[0] first_hobbies,
 > contact_info['邮箱'] Email, contact_info['电话'] Phone,
 > address.city city
 > FROM external_table;
```

name	first_hobbies	email	phone	city
张三	音乐	San@163.com	150****1221	武汉
李四	绘画	Si@163.com	184****1230	郑州
王二	魔术	Er@163.com	182****5642	西安
王五	音乐	Wu@163.com	150****1223	南京
赵六	音乐	Liu@163.com	184****1235	北京

图 5-3　每个学生的第一个爱好、邮箱、电话和所在城市

高手点拨

hobbies[0]表示使用复杂运算符 A[n]获取字段 hobbies（数据类型为 ARRAY）的首个元素（学生的第一个爱好），并将该元素的别名设置为 first_hobbies；contact_info['邮箱']和 contact_info['电话']表示使用复杂运算符 M[key]获取字段 contact_info（数据类型为 MAP）中键为“邮箱”和“电话”的值；address.city 表示使用复杂运算符 S.x 获取字段 address（数据类型为 STRUCT）中字段 city 的值。

（5）执行如下语句，查询外部表 external_table 中的班级信息，结果如图 5-4 所示。

```
.../> SELECT DISTINCT class FROM external_table;
```

class
1班
2班
3班

图 5-4　班级信息

5.2 条件查询

条件查询是指查询表中符合指定条件的数据。在 Hive 中，可以使用 WHERE 语句指定查询条件。条件查询的基本语法格式如下。

```
SELECT [ALL|DISTINCT] select_expr [[AS] new_name]
FROM table_reference
WHERE where_condition;
```

其中，WHERE where_condition 用于指定查询条件，以便从表中查询符合该条件的数据。where_condition 中可以包含算术运算符、关系运算符、逻辑运算符和通配符等，也可以包含子查询。

【例 5-2】 查询数据库 hive_database 的外部表 external_table 中符合条件的数据。

（1）切换至数据库 hive_database。

（2）执行如下语句，查询班级为“2 班”的数据，结果如图 5-5 所示。

```
.../> SELECT id,name,class,address FROM external_table
  > WHERE class='2 班';
```

id	name	class	address
2023920103	李四	2班	{"city":"郑州","province":"河南"}
2023920104	赵六	2班	{"city":"北京","province":"北京"}

图 5-5　班级为“2 班”的数据

（3）执行如下语句，查询班级为“2 班”且所在城市为“郑州”的数据，结果如图 5-6 所示。

```
.../> SELECT id,name,class,address FROM external_table
  > WHERE class='2 班' AND address.city='郑州';
```

id	name	class	address
2023920103	李四	2班	{"city":"郑州","province":"河南"}

图 5-6　班级为“2 班”且所在城市为“郑州”的数据

高手点拨

当 WHERE 语句中包含多个条件时，可以使用 AND、OR 等逻辑运算符将多个条件组合在一起。

（4）执行如下语句，查询姓氏为“王”的学生姓名信息，结果如图 5-7 所示。

```
.../> SELECT name FROM external_table WHERE name LIKE '王%';
```

```
+--------+
| name   |
+--------+
| 王二    |
| 王五    |
+--------+
```

图 5-7　姓氏为“王”的学生姓名信息

5.3 分组查询

分组查询是指按照指定的字段对查询结果进行分组操作。在 Hive 中，可以使用 GROUP BY 语句实现分组。分组查询的基本语法格式如下。

```
SELECT [ALL|DISTINCT] select_expr [[AS] new_name]
FROM table_reference
GROUP BY col_list
[HAVING having_condition];
```

上述语法格式的详细解释如下。

- GROUP BY col_list：表示按照指定字段 col_list 对查询结果进行分组。
- HAVING having_condition：用于对分组后的结果进行筛选，只返回满足条件的分组结果。其中，having_condition 表示筛选条件。

高手点拨

GROUP BY 语句通常与聚合函数结合使用，可以对分组后的数据进行统一的聚合计算。使用分组查询时，select_expr 中只能包含聚合函数、指定值的字段和 GROUP BY 语句中指定的字段。

HAVING 语句和 WHERE 语句的功能类似，都是在查询语句中指定条件，但是两者的使用方法有所不同，具体如下。

（1）HAVING 语句中可以使用聚合函数，而 WHERE 语句中不能使用聚合函数。

（2）HAVING 语句必须配合 GROUP BY 语句使用，而 WHERE 语句可以单独使用。

【例 5-3】　按照商品类别分组查询数据库 hive_database 中商品表 product 的数据。

（1）切换至数据库 hive_database。

（2）执行如下语句，创建商品表 product，该表中包含商品编号（product_id）、供应商编号（supplier_id）、商品名称（name）、进价（cost_price）、售价（selling_price）和商品类别（category）字段。其中，category 为分区字段。

```
.../> CREATE TABLE IF NOT EXISTS product (
    > product_id STRING,
    > supplier_id STRING,
    > name STRING,
    > cost_price FLOAT,
    > selling_price FLOAT)
    > PARTITIONED BY (category STRING)
    > ROW FORMAT DELIMITED
    > FIELDS TERMINATED BY ',';
```

（3）执行如下语句，向商品表 product 中导入本地文件"/usr/local/hive/hive_data/product_data"中的数据。

```
.../> LOAD DATA LOCAL INPATH
    > '/usr/local/hive/hive_data/product_data'
    > OVERWRITE INTO TABLE product;
```

（4）执行如下语句，查询商品表 product 中的所有数据，结果如图 5-8 所示。

```
.../> SELECT * FROM product;
```

product.product_id	product.supplier_id	product.name	product.cost_price	product.selling_price	product.category
A1	S2	苹果	5.49	6.99	__HIVE_DEFAULT_PARTITION__
A1	S1	苹果	4.99	6.99	fruit
A3	S2	橙子	4.49	6.99	fruit
A2	S1	香蕉	2.99	3.49	fruit
C2	S3	草莓味 奶酪棒	2.99	4.99	snack
C1	S1	番茄味 薯片	3.49	4.99	snack
B1	S3	土豆	1.49	2.49	vegetable
B2	S4	油麦菜	0.79	1.29	vegetable
B3	S1	胡萝卜	0.99	1.49	vegetable
B4	S2	花菜	1.99	2.99	vegetable

图 5-8　商品表 product 中的所有数据

智慧解析

Hive 会将分区字段值为空的数据归属到默认分区（__HIVE_DEFAULT_PARTITION__）中，如图 5-8 中的第一行数据。

（5）执行如下语句，按照商品类别（category）分组查询商品表 product 中的商品类别，结果如图 5-9 所示。

```
.../> SELECT category FROM product GROUP BY category;
```

category
__HIVE_DEFAULT_PARTITION__
fruit
snack
vegetable

图 5-9　商品表 product 中的商品类别

（6）执行如下语句，按照商品类别（category）分组查询商品表 product 中商品数量大于 2 的商品类别和商品数量，结果如图 5-10 所示。

```
…/> SELECT category,COUNT(*) num FROM product
  > GROUP BY category
  > HAVING COUNT(*)>2;
```

category	num
fruit	3
vegetable	4

图 5-10　商品表 product 中商品数量大于 2 的商品类别和商品数量

高手点拨

使用 GROUP BY 语句按照商品类别（category）对商品表 product 中的数据进行分组；结合聚合函数 COUNT()对分组中的数据进行计数操作，统计每个商品类别中包含的商品数量；使用 HAVING 语句筛选出商品数量大于 2 的商品类别。

5.4 排序查询

排序查询是指按照指定的一个或多个字段对查询结果进行排序操作。在 Hive 中，排序查询可以分为全局排序查询、内部排序查询和分区排序查询。排序查询的基本语法格式如下。

```
SELECT [ALL|DISTINCT] select_expr [[AS] new_name]
FROM table_reference
ORDER BY col_list [ASC|DESC]|
SORT BY col_list [ASC|DESC]|
DISTRIBUTE BY col_list SORT BY col_list [ASC|DESC]|
CLUSTER BY col_list [ASC];
```

上述语法格式的详细解释如下。

- col_list：表示指定的一个或多个字段。当有多个字段时，各字段之间用英文逗号隔开。
- ORDER BY col_list：表示按照指定字段 col_list 对查询结果进行全局排序。
- SORT BY col_list：表示按照指定字段 col_list 对查询结果进行内部排序。
- DISTRIBUTE BY col_list：表示按照指定字段 col_list 对查询结果进行数据分发，即将数据分发到不同的 Reduce 中进行处理。使用 DISTRIBUTE BY 和 SORT BY 可以对查询结果进行分区排序。
- CLUSTER BY col_list：表示按照指定字段 col_list 对查询结果进行分区排序。其中，CLUSTER BY 可以看作是 DISTRIBUTE BY 和 SORT BY 的合集。
- ASC|DESC：可选项，用于指定排序的方式。其中，ASC 为默认值，表示升序；DESC 表示降序。需要注意的是，ORDER BY、SORT BY、DISTRIBUTE BY 和 SORT BY 的合集都支持 ASC 和 DESC 两种排序方式，但是 CLUSTER BY 只支持默认的排序方式 ASC。

5.4.1 全局排序查询

全局排序查询是指按照指定字段对查询结果中的所有数据进行排序操作。在 Hive 中，可以使用 ORDER BY 语句实现全局排序。执行 ORDER BY 语句时，Hive 会将所有数据发送到同一个 Reduce 中进行排序。

高手点拨

当数据量较大时，全局排序查询可能会耗费较长的时间，建议将 ORDER BY 语句与 LIMIT 语句一起使用，限制查询结果中返回的数据行数。在严格模式下（hive.mapred.mode = strict），ORDER BY 语句后面必须跟有 LIMIT 语句。

【例 5-4】 查询数据库 hive_database 中商品表 product 的数据，并对查询结果进行全局排序。

（1）切换至数据库 hive_database。

（2）执行如下语句，查询商品表 product 中的所有数据，并按照进价（cost_price）升序对查询结果进行全局排序，结果如图 5-11 所示。

```
.../> SELECT * FROM product ORDER BY cost_price;
```

product.product_id	product.supplier_id	product.name	product.cost_price	product.selling_price	product.category
B2	S4	油麦菜	0.79	1.29	vegetable
B3	S1	胡萝卜	0.99	1.49	vegetable
B1	S3	土豆	1.49	2.49	vegetable
B4	S2	花菜	1.99	2.99	vegetable
C2	S3	草莓味 奶酪棒	2.99	4.99	snack
A2	S1	香蕉	2.99	3.49	fruit
C1	S1	番茄味 薯片	3.49	4.99	snack
A3	S2	橙子	4.49	6.99	fruit
A1	S1	苹果	4.99	6.99	fruit
A1	S2	苹果	5.49	6.99	__HIVE_DEFAULT_PARTITION__

图 5-11　按照进价升序对查询结果进行全局排序

（3）执行如下语句，查询商品表 product 中的所有数据，并按照售价（selling_price）降序对查询结果进行全局排序，结果如图 5-12 所示。

```
.../> SELECT * FROM product ORDER BY selling_price DESC;
```

product.product_id	product.supplier_id	product.name	product.cost_price	product.selling_price	product.category
A3	S2	橙子	4.49	6.99	fruit
A1	S1	苹果	4.99	6.99	fruit
A1	S2	苹果	5.49	6.99	__HIVE_DEFAULT_PARTITION__
C1	S1	番茄味 薯片	3.49	4.99	snack
C2	S3	草莓味 奶酪棒	2.99	4.99	snack
A2	S1	香蕉	2.99	3.49	fruit
B4	S2	花菜	1.99	2.99	vegetable
B1	S3	土豆	1.49	2.49	vegetable
B3	S1	胡萝卜	0.99	1.49	vegetable
B2	S4	油麦菜	0.79	1.29	vegetable

图 5-12　按照售价降序对查询结果进行全局排序

5.4.2　内部排序查询

内部排序查询是指按照指定字段对查询结果进行局部排序。也就是说，内部排序查询会对每个 Reduce 中的数据进行排序操作，然后合并多个 Reduce 中数据的排序结果作为最终的排序结果。在 Hive 中，可以使用 SORT BY 语句实现内部排序。执行 SORT BY 语句时，Hive 会将所有数据发送到一个或多个 Reduce（Hive 会自动设置 Reduce 的个数）中进行排序。

高手点拨

内部排序保证每个 Reduce 中的数据是有序的，但不能保证所有数据都是有序的，除非 Reduce 的个数为 1。

【例 5-5】　查询数据库 hive_database 中商品表 product 的数据，并对查询结果进行内部排序。

（1）切换至数据库 hive_database。

（2）执行如下语句，查询商品表 product 中的所有数据，并按照进价（cost_price）升序对查询结果进行内部排序，结果如图 5-13 所示。

```
.../> SELECT * FROM product SORT BY cost_price;
```

product.product_id	product.supplier_id	product.name	product.cost_price	product.selling_price	product.category
B2	S4	油麦菜	0.79	1.29	vegetable
B3	S1	胡萝卜	0.99	1.49	vegetable
B1	S3	土豆	1.49	2.49	vegetable
B4	S2	花菜	1.99	2.99	vegetable
C2	S3	草莓味 奶酪棒	2.99	4.99	snack
A2	S1	香蕉	2.99	3.49	fruit
C1	S1	番茄味 薯片	3.49	4.99	snack
A3	S2	橙子	4.49	6.99	fruit
A1	S1	苹果	4.99	6.99	fruit
A1	S2	苹果	5.49	6.99	__HIVE_DEFAULT_PARTITION__

图 5-13　按照进价升序对查询结果进行内部排序（1）

智慧解析

对比图 5-13 和图 5-11 可以发现，使用 ORDER BY 语句和使用 SORT BY 语句进行数据排序的结果相同。这是因为商品表 product 的数据量较小，Hive 默认启动 1 个 Reduce 处理该表中的数据。接下来，我们手动将 Reduce 的个数设置为 3，方便展示 ORDER BY 语句和 SORT BY 语句的区别。

（3）执行如下语句，临时设置 Reduce 的个数为 3。

```
…/> SET mapreduce.job.reduces=3;
```

高手点拨

在 Hive 中，可以使用 SET 语句临时修改参数的值。SET 语句修改的参数值只在当前会话中生效，不会影响全局配置。

（4）执行如下语句，再次查询商品表 product 中的所有数据，并按照进价（cost_price）升序对查询结果进行内部排序，结果如图 5-14 所示。

```
…/> SELECT * FROM product SORT BY cost_price;
```

product.product_id	product.supplier_id	product.name	product.cost_price	product.selling_price	product.category
B2	S4	油麦菜	0.79	1.29	vegetable
B3	S1	胡萝卜	0.99	1.49	vegetable
B1	S3	土豆	1.49	2.49	vegetable
B4	S2	花菜	1.99	2.99	vegetable
C2	S3	草莓味 奶酪棒	2.99	4.99	snack
C1	S1	番茄味 薯片	3.49	4.99	snack
A2	S1	香蕉	2.99	3.49	fruit
A3	S2	橙子	4.49	6.99	fruit
A1	S1	苹果	4.99	6.99	fruit
A1	S2	苹果	5.49	6.99	__HIVE_DEFAULT_PARTITION__

图 5-14　按照进价升序对查询结果进行内部排序（2）

智慧解析

从图 5-14 中可以发现，使用 SORT BY 语句对数据进行排序的结果局部有序，全局无序。

5.4.3 分区排序查询

分区排序查询是指按照指定字段对查询结果中每个分区内的数据进行排序操作。在 Hive 中，可以使用 DISTRIBUTE BY 语句和 SORT BY 语句的合集实现分区排序，也可以只使用 CLUSTER BY 语句实现分区排序。

1. DISTRIBUTE BY 语句和 SORT BY 语句

在 Hive 中，使用 DISTRIBUTE BY 语句和 SORT BY 语句对查询结果进行分区排序时，需要注意将 DISTRIBUTE BY 语句写在 SORT BY 语句之前。

高手点拨

分区排序保证每个分区内的数据是有序的，但不能保证所有数据都是有序的。

【例 5-6】 查询数据库 hive_database 中商品表 product 的数据，并对查询结果进行分区排序。

（1）切换至数据库 hive_database。

（2）执行如下语句，临时设置 Reduce 的个数为 3。

```
.../> SET mapreduce.job.reduces=3;
```

（3）执行如下语句，查询商品表 product 中的所有数据，并按照进价（cost_price）降序对查询结果中每个分区内的数据进行排序，结果如图 5-15 所示。

```
.../> SELECT * FROM product
    > DISTRIBUTE BY category
    > SORT BY category, cost_price DESC;
```

product.product_id	product.supplier_id	product.name	product.cost_price	product.selling_price	product.category
C1	S1	番茄味 薯片	3.49	4.99	snack
C2	S3	草莓味 奶酪棒	2.99	4.99	snack
A1	S2	苹果	5.49	6.99	__HIVE_DEFAULT_PARTITION__
A1	S1	苹果	4.99	6.99	fruit
A3	S2	橙子	4.49	6.99	fruit
A2	S1	香蕉	2.99	3.49	fruit
B4	S2	花菜	1.99	2.99	vegetable
B1	S3	土豆	1.49	2.49	vegetable
B3	S1	胡萝卜	0.99	1.49	vegetable
B2	S4	油麦菜	0.79	1.29	vegetable

图 5-15 按照进价降序对查询结果进行分区排序

2. CLUSTER BY 语句

在 Hive 中，如果 DISTRIBUTE BY 语句和 SORT BY 语句指定的字段名一致，则可以使用 CLUSTER BY 语句代替两者的合集。

例如，以下两个查询语句完全等效。

```
--查询语句 1
…/> SELECT * FROM product
  > DISTRIBUTE BY category
  > SORT BY category;
--查询语句 2
…/> SELECT * FROM product
  > CLUSTER BY category;
```

5.5 连接查询

连接查询是指基于两个或多个表之间的关系，将这些表连接起来，然后进行相应的数据查询。在 Hive 中，连接查询包括内连接查询、左外连接查询、右外连接查询、全外连接查询、左半连接查询和笛卡尔积连接查询等。连接查询的基本语法格式如下。

```
SELECT [ALL|DISTINCT] select_expr [[AS] new_name]
FROM table_reference
[INNER] JOIN| {LEFT|RIGHT|FULL} [OUTER] JOIN|LEFT SEMI JOIN|CROSS JOIN
table_factor
[ON expression];
```

上述语法格式的详细解释如下。

- FROM table_reference：表示进行连接查询操作的第一个表的表名。
- [INNER] JOIN：内连接的关键字。其中，INNER 为可选项，JOIN 和 INNER JOIN 等效。
- LEFT [OUTER] JOIN：左外连接的关键字。其中，OUTER 为可选项，LEFT OUTER JOIN 和 LEFT JOIN 等效。
- RIGHT [OUTER] JOIN：右外连接的关键字。
- FULL [OUTER] JOIN：全外连接的关键字。
- LEFT SEMI JOIN：左半连接的关键字。
- CROSS JOIN：笛卡尔积连接的关键字。
- table_factor：表示进行连接查询操作的第二个表的表名。
- ON expression：可选项，用于指定连接条件。连接条件由表中具有相同意义的字段组成。一般情况下，笛卡尔积连接查询不需要指定连接条件，其他连接查询需要指定连接条件。

5.5.1 内连接查询

内连接查询是使用关系运算符对多个表间的某些字段数据进行比较，并返回这些表中符合连接条件的数据行，然后从这些数据行中查询所需数据。在 Hive 中，可以使用 [INNER] JOIN 语句实现内连接。

【例 5-7】 使用内连接查询数据库 hive_database 的商品表 product 和供应商表 supplier 中的数据。

（1）切换至数据库 hive_database。

（2）执行如下语句，创建供应商表 supplier，该表中包含供应商编号（supplier_id）、供应商名称（supplier_name）、电话（phone）和地址（address）字段。

```
.../> CREATE TABLE IF NOT EXISTS supplier(
   > supplier_id STRING,
   > supplier_name STRING,
   > phone STRING,
   > address STRING)
   > ROW FORMAT DELIMITED
   > FIELDS TERMINATED BY ',';
```

（3）执行如下语句，向供应商表 supplier 中导入本地文件“/usr/local/hive/hive_data/supplier_data”中的数据。

```
.../> LOAD DATA LOCAL INPATH
   > '/usr/local/hive/hive_data/supplier_data'
   > OVERWRITE INTO TABLE supplier;
```

（4）执行如下语句，查询供应商表 supplier 中的所有数据，结果如图 5-16 所示。

```
.../> SELECT * FROM supplier;
```

supplier.supplier_id	supplier.supplier_name	supplier.phone	supplier.address
S1	绿花供应	150****6688	湖北 武汉
S3	明星企业	187****8866	河北 廊坊
S4	海景贸易	186****6666	北京 海淀
S5	丰收食品	153****8808	北京 昌平

图 5-16 供应商表 supplier 中的所有数据

（5）执行如下语句，通过字段 supplier_id 连接商品表 product 和供应商表 supplier，然后查询所需数据，结果如图 5-17 所示。

```
…/> SELECT p.product_id, p.supplier_id,
  > s.supplier_id, p.name, s.phone, s.address
  > FROM product p JOIN supplier s
  > ON p.supplier_id = s.supplier_id;
```

p.product_id	p.supplier_id	s.supplier_id	p.name	s.phone	s.address
A1	S1	S1	苹果	150****6688	湖北 武汉
A2	S1	S1	香蕉	150****6688	湖北 武汉
C2	S3	S3	草莓味 奶酪棒	187****8866	河北 廊坊
C1	S1	S1	番茄味 薯片	150****6688	湖北 武汉
B1	S3	S3	土豆	187****8866	河北 廊坊
B2	S4	S4	油麦菜	186****6666	北京 海淀
B3	S1	S1	胡萝卜	150****6688	湖北 武汉

图 5-17　内连接查询的结果

智慧解析

在 Hive 中，同样可以使用 AS 关键字为 Hive 表指定别名，AS 关键字可以省略。

从图 5-17 中可以看出，查询结果中只包含满足条件“p.supplier_id = s.supplier_id”的数据行，不包含商品表 product 中单独存在的 supplier_id 字段值为 S2 的数据行。

5.5.2　左外连接查询

在外连接查询语句中，JOIN 关键字之前的表称为左表，JOIN 关键字之后的表称为右表。

左外连接查询以左表为基表，返回左表中的所有数据行，并按照指定的连接条件将其与右表中的每行数据进行匹配，如果右表中有匹配的数据行，则保留右表中对应字段的数据，否则右表中的对应字段均返回 NULL；然后从返回的数据行中查询所需数据。在 Hive 中，可以使用 LEFT [OUTER] JOIN 语句实现左外连接。

【例 5-8】　使用左外连接查询数据库 hive_database 的商品表 product 和供应商表 supplier 中的数据，执行的语句如下，结果如图 5-18 所示。

```
…/> USE hive_database;
…/> SELECT p.product_id, p.supplier_id,
  > s.supplier_id, p.name, s.phone, s.address
  > FROM product p LEFT JOIN supplier s
  > ON p.supplier_id = s.supplier_id;
```

p.product_id	p.supplier_id	s.supplier_id	p.name	s.phone	s.address
A1	S2	NULL	苹果	NULL	NULL
A1	S1	S1	苹果	150****6688	湖北 武汉
A3	S2	NULL	橙子	NULL	NULL
A2	S1	S1	香蕉	150****6688	湖北 武汉
C2	S3	S3	草莓味 奶酪棒	187****8866	河北 廊坊
C1	S1	S1	番茄味 薯片	150****6688	湖北 武汉
B1	S3	S3	土豆	187****8866	河北 廊坊
B2	S4	S4	油麦菜	186****6666	北京 海淀
B3	S1	S1	胡萝卜	150****6688	湖北 武汉
B4	S2	NULL	花菜	NULL	NULL

图 5-18　左外连接查询的结果

智慧解析

从图 5-18 中可以看出，查询结果中包含商品表 product 中的所有数据行。将商品表 product 作为基表与供应商表 supplier 中的每行数据进行匹配时，在供应商表 supplier 中匹配不到 supplier_id 字段值为 S2 的数据行，因此该数据行中供应商表 supplier 的对应字段（supplier_id、phone 和 address 字段）均为 NULL。

5.5.3　右外连接查询

右外连接查询以右表为基表，返回右表中的所有数据行，并按照指定的连接条件将其与左表中的每行数据进行匹配，如果左表中有匹配的数据行，则保留左表中对应字段的数据，否则左表中的对应字段均返回 NULL；然后从返回的数据行中查询所需数据。在 Hive 中，可以使用 RIGHT [OUTER] JOIN 语句实现右外连接。

【例 5-9】　使用右外连接查询数据库 hive_database 的商品表 product 和供应商表 supplier 中的数据，执行的语句如下，结果如图 5-19 所示。

```
.../> USE hive_database;
.../> SELECT p.product_id, p.supplier_id,
   > s.supplier_id, p.name, s.phone, s.address
   > FROM product p RIGHT JOIN supplier s
   > ON p.supplier_id = s.supplier_id;
```

p.product_id	p.supplier_id	s.supplier_id	p.name	s.phone	s.address
C1	S1	S1	番茄味 薯片	150****6688	湖北 武汉
B3	S1	S1	胡萝卜	150****6688	湖北 武汉
A1	S1	S1	苹果	150****6688	湖北 武汉
A2	S1	S1	香蕉	150****6688	湖北 武汉
C2	S3	S3	草莓味 奶酪棒	187****8866	河北 廊坊
B1	S3	S3	土豆	187****8866	河北 廊坊
B2	S4	S4	油麦菜	186****6666	北京 海淀
NULL	NULL	S5	NULL	153****8808	北京 昌平

图 5-19 右外连接查询的结果

智慧解析

从图 5-19 中可以看出，查询结果中包含供应商表 supplier 中的所有数据行。将供应商表 supplier 作为基表与商品表 product 中的每行数据进行匹配时，在商品表 product 中匹配不到 supplier_id 字段值为 S5 的数据行，因此该数据行中商品表 product 的对应字段（product_id、supplier_id 和 name 字段）均为 NULL。

5.5.4 全外连接查询

全外连接查询返回左表和右表中的所有数据行，并按照指定的连接条件将它们进行匹配，如果左表或右表中有匹配的数据行，则保留对应字段的数据，如果左表中没有匹配的数据行，则左表中的对应字段均返回 NULL，如果右表中没有匹配的数据行，则右表中的对应字段均返回 NULL；然后从返回的数据行中查询所需数据。在 Hive 中，可以使用 FULL [OUTER] JOIN 语句实现全外连接。

【例 5-10】 使用全外连接查询数据库 hive_database 的商品表 product 和供应商表 supplier 中的数据，执行的语句如下，结果如图 5-20 所示。

```
.../> USE hive_database;
.../> SELECT p.product_id, p.supplier_id,
  > s.supplier_id, p.name, s.phone, s.address
  > FROM product p FULL JOIN supplier s
  > ON p.supplier_id = s.supplier_id;
```

p.product_id	p.supplier_id	s.supplier_id	p.name	s.phone	s.address
B3	S1	S1	胡萝卜	150****6688	湖北 武汉
C1	S1	S1	番茄味 薯片	150****6688	湖北 武汉
A2	S1	S1	香蕉	150****6688	湖北 武汉
A1	S1	S1	苹果	150****6688	湖北 武汉
B4	S2	NULL	花菜	NULL	NULL
A3	S2	NULL	橙子	NULL	NULL
A1	S2	NULL	苹果	NULL	NULL
B1	S3	S3	土豆	187****8866	河北 廊坊
C2	S3	S3	草莓味 奶酪棒	187****8866	河北 廊坊
B2	S4	S4	油麦菜	186****6666	北京 海淀
NULL	NULL	S5	NULL	153****8808	北京 昌平

图 5-20 全外连接查询的结果

智慧解析

从图 5-20 中可以看出，查询结果中包含商品表 product 和供应商表 supplier 中的所有数据行。其中，供应商表 supplier 中的数据行都与商品表 product 中 supplier_id 字段值为 S2 的数据行不匹配，因此该数据行中供应商表 supplier 的对应字段（supplier_id、phone 和 address 字段）均为 NULL；商品表 product 中的数据行都与供应商表 supplier 中 supplier_id 字段值为 S5 的数据行不匹配，因此该数据行中商品表 product 的对应字段（product_id、supplier_id 和 name 字段）均为 NULL。

5.5.5 左半连接查询

左半连接查询以左表为基表，并按照指定的连接条件将其与右表中的每行数据进行匹配，如果左表中的数据行能与右表中的数据行匹配，则保留左表中的数据行，否则忽略左表中的数据行；然后从返回的数据行中查询所需数据。左半连接查询只能查询左表中的数据。在 Hive 中，可以使用 LEFT SEMT JOIN 语句实现左半连接。

【例 5-11】 使用左半连接查询数据库 hive_database 的商品表 product 和供应商表 supplier 中的数据，执行的语句如下，结果如图 5-21 所示。

```
…/> USE hive_database;
…/> SELECT p.product_id, p.supplier_id, p.name
  > FROM product p LEFT SEMI JOIN supplier s
  > ON p.supplier_id = s.supplier_id;
```

p.product_id	p.supplier_id	p.name
A1	S1	苹果
A2	S1	香蕉
C2	S3	草莓味 奶酪棒
C1	S1	番茄味 薯片
B1	S3	土豆
B2	S4	油麦菜
B3	S1	胡萝卜

图 5-21 左半连接查询的结果

智慧解析

从图 5-21 中可以看出，查询结果中只包含商品表 product 中能匹配上供应商表 supplier 中数据行的数据行。由于商品表 product 中 supplier_id 字段值为 S2 的数据行与供应商表 supplier 中的数据行都匹配不上，所以忽略商品表 product 中 supplier_id 字段值为 S2 的数据行。

5.5.6 笛卡尔积连接查询

笛卡尔积连接查询会将左表的每行数据与右表的每行数据进行连接，产生一个大的结果集，然后从中查询所需数据。在 Hive 中，可以使用 CROSS JOIN 语句实现笛卡尔积连接。

【例 5-12】 使用笛卡尔积连接查询数据库 hive_database 的商品表 product 和供应商表 supplier 中的数据，执行的语句如下，结果如图 5-22 所示。

```
…/> USE hive_database;
…/> SELECT p.product_id, p.supplier_id, s.supplier_id,
  > p.name, s.phone, s.address
  > FROM product p CROSS JOIN supplier s;
```

p.product_id	p.supplier_id	s.supplier_id	p.name	s.phone	s.address
A1	S2	S1	苹果	150****6688	湖北 武汉
A1	S2	S3	苹果	187****8866	河北 廊坊
A1	S2	S4	苹果	186****6666	北京 海淀
A1	S2	S5	苹果	153****8808	北京 昌平
A1	S1	S1	苹果	150****6688	湖北 武汉
A1	S1	S3	苹果	187****8866	河北 廊坊
A1	S1	S4	苹果	186****6666	北京 海淀
A1	S1	S5	苹果	153****8808	北京 昌平
A3	S2	S1	橙子	150****6688	湖北 武汉
A3	S2	S3	橙子	187****8866	河北 廊坊
A3	S2	S4	橙子	186****6666	北京 海淀
A3	S2	S5	橙子	153****8808	北京 昌平
A2	S1	S1	香蕉	150****6688	湖北 武汉
A2	S1	S3	香蕉	187****8866	河北 廊坊
A2	S1	S4	香蕉	186****6666	北京 海淀
A2	S1	S5	香蕉	153****8808	北京 昌平
C2	S3	S1	草莓味 奶酪棒	150****6688	湖北 武汉
C2	S3	S3	草莓味 奶酪棒	187****8866	河北 廊坊
C2	S3	S4	草莓味 奶酪棒	186****6666	北京 海淀
C2	S3	S5	草莓味 奶酪棒	153****8808	北京 昌平
C1	S1	S1	番茄味 薯片	150****6688	湖北 武汉
C1	S1	S3	番茄味 薯片	187****8866	河北 廊坊
C1	S1	S4	番茄味 薯片	186****6666	北京 海淀
C1	S1	S5	番茄味 薯片	153****8808	北京 昌平
B1	S3	S1	土豆	150****6688	湖北 武汉
B1	S3	S3	土豆	187****8866	河北 廊坊
B1	S3	S4	土豆	186****6666	北京 海淀
B1	S3	S5	土豆	153****8808	北京 昌平
B2	S4	S1	油麦菜	150****6688	湖北 武汉
B2	S4	S3	油麦菜	187****8866	河北 廊坊
B2	S4	S4	油麦菜	186****6666	北京 海淀
B2	S4	S5	油麦菜	153****8808	北京 昌平
B3	S1	S1	胡萝卜	150****6688	湖北 武汉
B3	S1	S3	胡萝卜	187****8866	河北 廊坊
B3	S1	S4	胡萝卜	186****6666	北京 海淀
B3	S1	S5	胡萝卜	153****8808	北京 昌平
B4	S2	S1	花菜	150****6688	湖北 武汉
B4	S2	S3	花菜	187****8866	河北 廊坊
B4	S2	S4	花菜	186****6666	北京 海淀
B4	S2	S5	花菜	153****8808	北京 昌平

图 5-22 笛卡尔积连接查询的结果

智慧解析

从图 5-22 中可以看出，商品表 product 中的每行数据都与供应商表 supplier 中的每行数据进行了连接。

5.6 抽样查询

抽样查询是指从大型表或数据集中获取可表示整体的小部分数据，然后从这小部分数据中查询所需数据。Hive 支持桶表抽样查询、数据块抽样查询和随机抽样查询等。

5.6.1 桶表抽样查询

在 Hive 中，桶表抽样查询是指先从桶表的分桶中抽取数据，然后从该数据中查询所需数据。桶表抽样查询的基本语法格式如下。

```
SELECT [ALL|DISTINCT] select_expr [[AS] new_name]
FROM table_reference
TABLESAMPLE(BUCKET x OUT OF y [ON col_name]|[ON RAND()]);
```

上述语法格式的详细解释如下。

- TABLESAMPLE：抽样的关键字。
- BUCKET x OUT OF y：表示从第 x 桶开始抽样，每间隔 y−1 桶抽一桶，直到抽满 z/y 桶。其中，z 表示桶表的总桶数。
- ON col_name：可选项，表示按照指定字段 col_name 抽取数据，该字段可以是表中任意的非分区字段。
- ON RAND()：可选项，表示随机从分桶中抽取数据。

高手点拨

参数 y 必须是 z 的倍数或者因子。例如，当 z 为 8 时，y 可以为 8、16、4 或 2 等。

【例 5-13】 抽取数据库 hive_database 中桶表 bucket_table（表的分桶数为 3）的数据，并查询所需数据。

（1）切换至数据库 hive_database。

（2）执行如下语句，查询桶表 bucket_table 中的所有数据，结果如图 5-23 所示。

```
.../> SELECT * FROM bucket_table;
```

```
+---------------------------+----------------------------+-------------------------+-----------------------+
| bucket_table.student_id   | bucket_table.student_name  | bucket_table.college    | bucket_table.class    |
+---------------------------+----------------------------+-------------------------+-----------------------+
| 2023930216                | 张五                        | English                 | 3班                    |
| 2023910660                | 张三                        | English                 | 1班                    |
| 2023910186                | 赵四                        | Computer                | 1班                    |
| 2023930116                | 王二                        | Computer                | 3班                    |
| 2023920103                | 李四                        | Art                     | 2班                    |
+---------------------------+----------------------------+-------------------------+-----------------------+
```

图 5-23　桶表 bucket_table 中的所有数据

（3）执行如下语句，抽取桶表 bucket_table 中第 1 桶的数据，并查询数据中的所有字段，结果如图 5-24 所示。

```
.../> SELECT * FROM bucket_table
 > TABLESAMPLE (BUCKET 1 OUT OF 3 ON student_id);
```

```
+---------------------------+----------------------------+-------------------------+-----------------------+
| bucket_table.student_id   | bucket_table.student_name  | bucket_table.college    | bucket_table.class    |
+---------------------------+----------------------------+-------------------------+-----------------------+
| 2023910186                | 赵四                        | Computer                | 1班                    |
| 2023920103                | 李四                        | Art                     | 2班                    |
+---------------------------+----------------------------+-------------------------+-----------------------+
```

图 5-24　抽取桶表 bucket_table 中第 1 桶的数据

（4）执行如下语句，抽取桶表 bucket_table 中第 1、2 和 3 桶的数据，并查询数据中的所有字段，结果如图 5-25 所示。

```
.../> SELECT * FROM bucket_table
 > TABLESAMPLE (BUCKET 1 OUT OF 1 ON student_id);
```

```
+---------------------------+----------------------------+-------------------------+-----------------------+
| bucket_table.student_id   | bucket_table.student_name  | bucket_table.college    | bucket_table.class    |
+---------------------------+----------------------------+-------------------------+-----------------------+
| 2023930216                | 张五                        | English                 | 3班                    |
| 2023910660                | 张三                        | English                 | 1班                    |
| 2023910186                | 赵四                        | Computer                | 1班                    |
| 2023930116                | 王二                        | Computer                | 3班                    |
| 2023920103                | 李四                        | Art                     | 2班                    |
+---------------------------+----------------------------+-------------------------+-----------------------+
```

图 5-25　抽取桶表 bucket_table 中第 1、2 和 3 桶的数据

智慧解析

从图 5-25 中可以看出，抽取了桶表 bucket_table 中的所有数据。这是因为桶表 bucket_table 共有 3 个分桶，“BUCKET 1 OUT OF 1”表示从第 1 个分桶开始抽取数据，间隔 0 桶抽取 1 桶数据，共抽取 3/1 个桶中的数据（所有数据）。

（5）执行如下语句，随机抽取桶表 bucket_table 中的数据，并查询数据中的所有字段，结果如图 5-26 所示。

```
.../> SELECT * FROM bucket_table
    > TABLESAMPLE (BUCKET 1 OUT OF 3 ON RAND());
```

```
+----------------------------+-------------------------------+---------------------------+-------------------------+
| bucket_table.student_id    | bucket_table.student_name     | bucket_table.college      | bucket_table.class      |
+----------------------------+-------------------------------+---------------------------+-------------------------+
| 2023920103                 | 李四                          | Art                       | 2班                     |
+----------------------------+-------------------------------+---------------------------+-------------------------+
```

图 5-26　随机抽取桶表 bucket_table 中的数据

5.6.2　数据块抽样查询

在 Hive 中，数据块抽样查询是指先以数据块为单位从表中抽取数据，然后从该数据中查询所需数据。数据块抽样包括按照数据百分比抽样、按照数据大小抽样和按照数据行数抽样等。数据块抽样查询的基本语法格式如下。

```
SELECT [ALL|DISTINCT] select_expr [[AS] new_name]
FROM table_reference
TABLESAMPLE (n PERCENT|ByteLengthLiteral|n ROWS)
[LIMIT [offset,] rows];
```

上述语法格式的详细解释如下。

- n PERCENT：表示按照数据百分比进行抽样。其中，n 表示抽样的百分比，可以是 0～100 的任意整数。
- ByteLengthLiteral：表示按照数据大小进行抽样。其中，ByteLengthLiteral 取值的单位可以是 B（Byte）、b、K（KB）、k、M（MB）、m、G（GB）或 g，大小写字母代表的单位相同。
- n ROWS：表示按照数据行数进行抽样。其中，n 为一个整数，表示抽样的数据行数。

1. 按照数据百分比抽样

按照数据百分比抽样查询数据时，允许用户指定一个抽样比例，并按照该比例从表中抽取数据。需要注意的是，数据块抽样是在 HDFS 数据块层级上进行的，所以抽样的最小单元是一个 HDFS 数据块大小的数据。例如，一个 HDFS 数据块的大小为 256 MB，抽取的 n%数据大小为 100 MB，但 Hive 依然会抽取 256 MB（一个 HDFS 数据块大小）的数据。

【例 5-14】　按照数据百分比抽样查询数据库 hive_database 中商品表 product 的数据。

（1）切换至数据库 hive_database。

（2）执行如下命令，查看商品表 product 在 HDFS 中的存储情况，结果如图 5-27 所示。

```
[hadoop@Worker2 ~]$ hdfs fsck /user/hive/warehouse/hive_database.db
/product -files -blocks -locations
```

```
Replicated Blocks:
 Total size:     259 B
 Total files:    4
 Total blocks (validated):      4 (avg. block size 64 B)
```

图 5-27　商品表 product 在 HDFS 中的存储情况

智慧解析

从图 5-27 中可以看出，商品表 product 的数据大小为 259 Byte；文件数量为 4；HDFS 数据块的个数为 4，每个 HDFS 数据块的大小约为 64 Byte。

（3）执行如下语句，抽取商品表 product 中 15%的数据，并查询数据中的所有字段，结果如图 5-28 所示。

```
.../> SELECT * FROM product
   > TABLESAMPLE (15 PERCENT);
```

product.product_id	product.supplier_id	product.name	product.cost_price	product.selling_price	product.category
A1	S2	苹果	5.49	6.99	__HIVE_DEFAULT_PARTITION__
A1	S1	苹果	4.99	6.99	fruit
C2	S3	草莓味 奶酪棒	2.99	4.99	snack
B1	S3	土豆	1.49	2.49	vegetable

图 5-28　按照数据百分比抽样查询数据的结果

智慧解析

商品表 product 中 15%的数据约为 38.85 Byte，38.85 Byte 小于一个 HDFS 数据块的大小（64 Byte），所以直接抽取一个 HDFS 数据块大小的数据。

2. 按照数据大小抽样

按照数据大小抽样查询数据时，允许用户指定一个数据大小，然后按照该大小从表中抽取数据，抽样的最小单元是一个 HDFS 数据块大小的数据。

【例 5-15】　按照数据大小抽样查询数据库 hive_database 中商品表 product 的数据。

（1）切换至数据库 hive_database。

（2）执行如下语句，抽取商品表 product 中 1 Byte 的数据，并查询数据中的所有字段，结果如图 5-29 所示。

```
.../> SELECT * FROM product
   > TABLESAMPLE (1B);
```

product.product_id	product.supplier_id	product.name	product.cost_price	product.selling_price	product.category
A1	S2	苹果	5.49	6.99	__HIVE_DEFAULT_PARTITION__
A1	S1	苹果	4.99	6.99	fruit
C2	S3	草莓味 奶酪棒	2.99	4.99	snack
B1	S3	土豆	1.49	2.49	vegetable

图 5-29　按照数据大小抽样查询 1 Byte 数据的结果

智慧解析

抽取商品表 product 中 1 Byte 的数据时，1 Byte 小于一个 HDFS 数据块的大小（64 Byte），所以直接抽取一个 HDFS 数据块大小的数据。

（3）执行如下语句，抽取商品表 product 中 65 Byte 的数据，并查询数据中的所有字段，结果如图 5-30 所示。

```
.../> SELECT * FROM product
  > TABLESAMPLE (65B);
```

product.product_id	product.supplier_id	product.name	product.cost_price	product.selling_price	product.category
A1	S2	苹果	5.49	6.99	__HIVE_DEFAULT_PARTITION__
A1	S1	苹果	4.99	6.99	fruit
A3	S2	橙子	4.49	6.99	fruit
A2	S1	香蕉	2.99	3.49	fruit
C2	S3	草莓味 奶酪棒	2.99	4.99	snack
C1	S1	番茄味 薯片	3.49	4.99	snack
B1	S3	土豆	1.49	2.49	vegetable
B2	S4	油麦菜	0.79	1.29	vegetable
B3	S1	胡萝卜	0.99	1.49	vegetable

图 5-30　按照数据大小抽样查询 65 Byte 数据的结果

智慧解析

抽取商品表 product 中 65 Byte 的数据时，65 Byte 大于一个 HDFS 数据块的大小，且小于两个 HDFS 数据块的大小，所以直接抽取两个 HDFS 数据块大小的数据。

3. 按照数据行数抽样

按照数据行数抽样查询数据时，允许用户指定一个行数（n），然后按照该行数从表中抽取前 n 行数据。需要注意的是，在每个输入分片中均需要抽取指定行，即每个 Map 中都要抽取指定行的数据。

高手点拨

输入分片是 MapReduce 框架中将输入数据划分为若干个逻辑块的基本单元。当数据文件的大小大于一个 HDFS 数据块的大小时，MapReduce 框架会将数据文件划分为多个分片（每个分片大小不超过一个 HDFS 数据块的大小），并为每个分片启动一个 Map 进行并行处理。

【例 5-16】 按照数据行数抽取数据库 hive_database 中商品表 product 的数据，并查询数据中的所有字段，执行的语句如下，结果如图 5-31 所示。

```
.../> USE hive_database;
.../> SELECT * FROM product
   > TABLESAMPLE (4 rows);
```

product.product_id	product.supplier_id	product.name	product.cost_price	product.selling_price	product.category
A1	S2	苹果	5.49	6.99	__HIVE_DEFAULT_PARTITION__
A1	S1	苹果	4.99	6.99	fruit
A3	S2	橙子	4.49	6.99	fruit
A2	S1	香蕉	2.99	3.49	fruit

图 5-31 按照数据行数抽样查询数据的结果

5.6.3 随机抽样查询

在 Hive 中，随机抽样查询是指以随机的方式从表中抽取指定行数的数据，然后从该数据中查询所需数据。随机抽样的基本语法格式如下。

```
SELECT [ALL|DISTINCT] select_expr [[AS] new_name]
FROM table_reference
DISTRIBUTE BY RAND()
SORT BY RAND()
LIMIT [offset,] rows;
```

上述语法格式的详细解释如下。

- DISTRIBUTE BY RAND()：表示随机进行数据分发。
- SORT BY RAND()：表示随机对数据进行排序。
- LIMIT [offset,] rows：用于指定抽取的数据行数。

【例 5-17】 随机抽取数据库 hive_database 中商品表 product 的数据，并查询数据中的所有字段，执行的语句如下，结果如图 5-32 所示。

```
.../> USE hive_database;
.../> SELECT * FROM product
   > DISTRIBUTE BY RAND()
   > SORT BY RAND()
   > LIMIT 4;
```

product.product_id	product.supplier_id	product.name	product.cost_price	product.selling_price	product.category
B1	S3	土豆	1.49	2.49	vegetable
C2	S3	草莓味 奶酪棒	2.99	4.99	snack
A1	S1	苹果	4.99	6.99	fruit
A1	S2	苹果	5.49	6.99	__HIVE_DEFAULT_PARTITION__

图 5-32 随机抽样查询的结果

高手点拨

Hive 不仅可以实现上述查询，还可以实现子查询、合并查询结果等，感兴趣的读者可以自己查询资料学习。在实际应用中，用户可以根据业务需求在一个查询语句中同时使用多种查询方式，如条件查询、分组查询、排序查询、连接查询和抽样查询等。

项目实施——查询并分析电影评分数据

将电影评分数据导入影视分析数据仓库的各个表后，某影视公司开始查询并分析这些表中的数据。

查询并分析电影评分数据

1. 查询并分析评分次数宽表中的数据

（1）查询评分次数排名前 10 的电影。

按照电影名称维度，查询评分次数宽表 ratingsCount_dws_table 中评分次数排名前 10 的电影，执行的语句如下，结果如图 5-33 所示。

```
.../> USE movies_dws_database;
.../> SELECT ratingcount, movie_name
    > FROM ratingsCount_dws_table
    > WHERE group_type='1'
    > ORDER BY ratingcount DESC
    > LIMIT 10;
```

ratingcount	movie_name
3428	American Beauty
2991	Star Wars: Episode IV - A New Hope
2990	Star Wars: Episode V - The Empire Strikes Back
2883	Star Wars: Episode VI - Return of the Jedi
2672	Jurassic Park
2653	Saving Private Ryan
2649	Terminator 2: Judgment Day
2590	Matrix, The
2583	Back to the Future
2578	Silence of the Lambs, The

图 5-33　评分次数排名前 10 的电影

从图 5-33 中可以看出，评分次数最多的电影为 American Beauty，说明该电影最受用户欢迎。

（2）查询评分次数最多的电影类型。

按照电影类型维度，查询评分次数宽表 ratingsCount_dws_table 中评分次数最多的电影类型，执行的语句如下，结果如图 5-34 所示。

```
.../> SELECT ratingcount, movie_type
  > FROM ratingsCount_dws_table
  > WHERE group_type='2'
  > ORDER BY ratingcount DESC
  > LIMIT 1;
```

```
+--------------+-------------+
| ratingcount  | movie_type  |
+--------------+-------------+
| 15747        | Comedy      |
+--------------+-------------+
```

图 5-34　评分次数最多的电影类型

从图 5-34 中可以看出，评分次数最多的电影类型为 Comedy（喜剧），说明喜剧电影最受用户欢迎。

（3）统计不同年龄段用户的评分次数。

按照用户年龄段维度，查询评分次数宽表 ratingsCount_dws_table 中 16～25 岁、26～35 岁、36～55 岁、56～65 岁和 66 岁及以上用户的评分次数，执行的语句如下，结果如图 5-35 所示。

```
.../> SELECT
  > CASE
  > WHEN age >= 16 AND age <= 25 THEN '16~25 岁'
  > WHEN age >= 26 AND age <= 35 THEN '26~35 岁'
  > WHEN age >= 36 AND age <= 55 THEN '36~55 岁'
  > WHEN age >= 56 AND age <= 65 THEN '56~65 岁'
  > ELSE '66 岁及以上'
  > END
  > AS age_group,
  > SUM(ratingcount) AS totalcount
  > FROM ratingsCount_dws_table
  > WHERE group_type='3'
  > GROUP BY
  > CASE
  > WHEN age >= 16 AND age <= 25 THEN '16~25 岁'
  > WHEN age >= 26 AND age <= 35 THEN '26~35 岁'
  > WHEN age >= 36 AND age <= 55 THEN '36~55 岁'
  > WHEN age >= 56 AND age <= 65 THEN '56~65 岁'
```

```
> ELSE '66 岁及以上'
> END;
```

高手点拨

CASE 函数是 Hive 中的内置函数之一，用于根据条件执行不同的逻辑分支，其语法格式如下。

```
CASE WHEN expr1 THEN result1
[WHEN expr2 THEN result2]
…
[ELSE result3]
END
[AS alias_name]
```

若条件表达式 expr1 的结果为 TRUE，则返回 result1；若条件表达式 expr2 的结果为 TRUE，则返回 result2；否则返回 result3；若没有提供 ELSE 分支，并且任何条件表达式的结果都不为 TRUE，则返回 NULL；AS alias_name 为可选项，表示为 CASE 函数的返回结果指定一个别名 alias_name。该函数的详细讲解见 6.1.6 小节。

age_group	totalcount
16~25岁	579092
26~35岁	199003
36~55岁	156123
56~65岁	38780
66岁及以上	27211

图 5-35　不同年龄段用户的评分次数

从图 5-35 中可以看出，16～25 岁用户的评分次数最多，且随着年龄的增长，用户的评分次数越来越少。由此可以得出，16～25 岁的用户更加热爱看电影，且他们在电影市场中最活跃；随着用户年龄的增长，用户对电影的热爱程度在逐渐减少。

（4）统计不同性别用户的评分次数。

按照用户性别维度，查询评分次数宽表 ratingsCount_dws_table 中女性用户和男性用户的评分次数，执行的语句如下，结果如图 5-36 所示。

```
.../> SELECT
 > CASE
 > WHEN sex='F' THEN '女'
 > WHEN sex='M' THEN '男'
 > END
 > AS sex_group,
```

```
> SUM(ratingcount) AS totalcount
> FROM ratingsCount_dws_table
> WHERE group_type='4'
> GROUP BY
> CASE
> WHEN sex='F' THEN '女'
> WHEN sex='M' THEN '男'
> END;
```

sex_group	totalcount
女	246440
男	753769

图 5-36 不同性别用户的评分次数

从图 5-36 中可以看出，男性用户的评分次数比女性用户多，说明男性用户对电影的热爱程度更高，且他们在电影市场中的活跃度也更高。

2. 查询并分析平均评分宽表中的数据

（1）查询平均评分排名前 3 的电影。

按照电影名称维度，查询平均评分宽表 ratingsAvg_dws_table 中平均评分排名前 3 的电影，执行的语句如下，结果如图 5-37 所示。

```
.../> USE movies_dws_database;
.../> SELECT ratingavg, movie_name
  > FROM ratingsAvg_dws_table
  > WHERE group_type='1'
  > ORDER BY ratingavg DESC
  > LIMIT 3;
```

ratingavg	movie_name
5.0	Ulysses
5.0	Bittersweet Motel
5.0	Song of Freedom

图 5-37 平均评分排名前 3 的电影

从图 5-37 中可以看出，平均评分排名前 3 的电影平均评分一样高且均达到满分（5.0 分）。总的来说，这 3 部电影的品质最好。

（2）查询平均评分排名前 5 的电影类型。

按照电影类型维度，查询平均评分宽表 ratingsAvg_dws_table 中平均评分排名前 5 的电影类型，执行的语句如下，结果如图 5-38 所示。

```
.../> SELECT ratingavg, movie_type
    > FROM ratingsAvg_dws_table
    > WHERE group_type='2'
    > ORDER BY ratingavg DESC
    > LIMIT 5;
```

```
+---------------------+----------------------+
|      ratingavg      |      movie_type      |
+---------------------+----------------------+
| 5.0                 | Adventure            |
| 5.0                 | Comedy|Drama|Western |
| 5.0                 | Crime                |
| 4.608695652173913   | Action|Adventure     |
| 4.560509554140127   | Action|Drama         |
+---------------------+----------------------+
```

图 5-38　平均评分排名前 5 的电影类型

从图 5-38 中可以看出，前 3 种电影类型的平均评分一样高且均达到满分，后两种电影类型的平均评分只比满分低一点。总的来说，这 5 种类型的电影品质相对较好。

项目实训

1. 实训目的

（1）掌握简单查询操作。
（2）掌握条件查询操作。
（3）掌握分组查询操作。
（4）掌握排序查询操作。
（5）掌握连接查询操作。

2. 实训内容

网站流量数据导入网站流量分析数据仓库的各个表后，网站平台开始查询并分析这些表中的数据。

（1）按照手机号码段维度，查询总流量排名第 1 的手机号码段。
（2）按照请求网站的链接维度，查询总流量排名前 3 的网站。
（3）按照手机号码对应的省份维度，查询总流量排名前 3 的省份。
（4）按照手机号码对应的城市维度，查询总流量排名前 3 的城市。
（5）按照运营商维度，查询总流量排名前 3 的运营商。

3. 实训小结

按要求完成实训内容，并将实训过程中遇到的问题和解决办法记录在表 5-1 中。

表 5-1　实训过程中遇到的问题和解决办法

序　号	主要问题	解决办法
1		
2		
3		
4		
5		

项目总结

完成本项目的学习与实践后，请总结应掌握的重点内容，并将图 5-39 中的空白处填写完整。

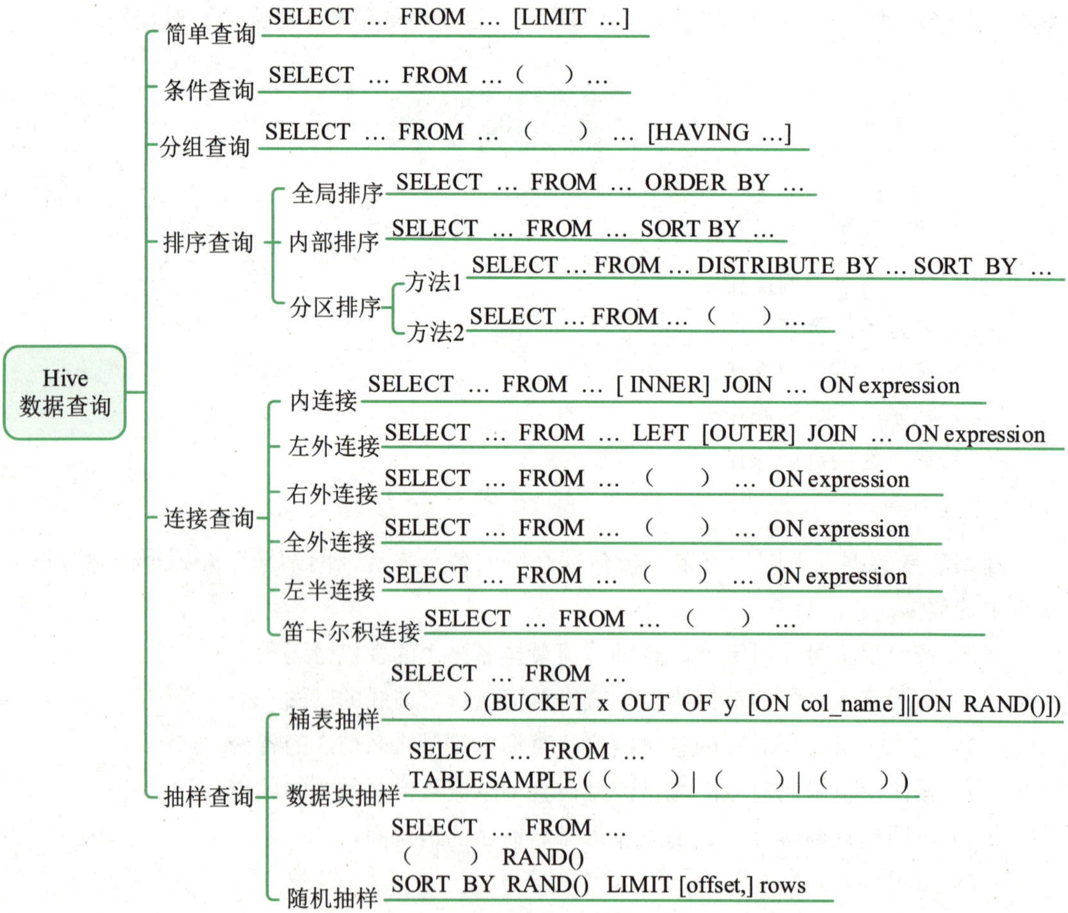

图 5-39　项目总结

项目考核

1. 选择题

（1）在 Hive 中，实现条件查询需要使用的关键字是（　　）。

A. GROUP BY　　B. STORED AS

C. DISTRIBUTE BY　　D. WHERE

（2）在 Hive 中，实现分组查询需要使用的关键字是（　　）。

A. GROUP BY　　B. STORED AS

C. DISTRIBUTE BY　　D. PARTITION BY

（3）在 Hive 中，筛选分组结果时，用于指定筛选条件的关键字是（　　）。

A. GROUP BY　　B. HAVING

C. WHERE　　D. LIMIT

（4）在 Hive 中，使用（　　）语句不能实现排序查询。

A. SELECT ... FROM ... ORDER BY ...

B. SELECT ... FROM ... SORT BY ...

C. SELECT ... FROM ... PARTITION BY ...

D. SELECT ... FROM ... DISTRIBUTE BY ... SORT BY ...

（5）在 Hive 中，对查询结果进行全局排序需要使用的关键字是（　　）。

A. ORDER BY　　B. SORT BY

C. DISTRIBUTE BY　　D. CLUSTER BY

（6）在 Hive 中，实现左半连接需要使用的关键字是（　　）。

A. INNER JOIN　　B. LEFT JOIN

C. FULL JOIN　　D. LEFT SEMI JOIN

（7）在 Hive 中，使用（　　）语句可以从桶表的分桶中抽取数据。

A. TABLESAMPLE(BUCKET x OUT OF y ON col_name)

B. TABLESAMPLE(BUCKET x OUT OF y RAND())

C. BUCKET ON RAND()

D. TABLESAMPLE(x OF y ON col_name)

（8）在 Hive 中，不属于数据块抽样的是（　　）。

A. 按照数据百分比抽样　　B. 按照数据大小抽样

C. 按照数据行数抽样　　D. 按照字段数抽样

（9）在 Hive 中，（　　）允许用户以随机的方式从表中抽取指定行数的数据。

A. 数据块抽样　　B. 桶表抽样

C. 随机抽样　　D. 分区抽样

2. 判断题

（1）GROUP BY 语句通常与聚合函数结合使用，用于对分组后的数据进行统一的聚合计算。（　　）

（2）在 Hive 中，SORT BY 语句可用于对查询结果进行全局排序。（　　）

（3）在 Hive 中，LEFT OUTER JOIN 和 LEFT JOIN 等效。（　　）

（4）TABLESAMPLE(BUCKET x OUT OF y [ON col_name]|[ON RAND()])中，参数 y 只能是桶表的分桶数的倍数。（　　）

（5）按照数据百分比抽样时，抽样的最小单元是一个 HDFS 数据块大小的数据。（　　）

3. 简答题

（1）简述 WHERE 语句和 HAVING 语句的异同。

（2）简述 ORDER BY 语句和 SORT BY 语句的区别。

（3）简述内连接查询、左外连接查询、右外连接查询、全外连接查询和左半连接查询的定义。

（4）简述抽样查询的 3 种方法。

4. 操作题

（1）查询数据库 hive_database 的供应商表 supplier 中供应商名称以“绿”开头的数据。

（2）查询数据库 hive_database 的供应商表 supplier 中供应商名称的分组信息。

（3）使用内连接查询数据库 hive_database 的商品表 product 和供应商表 supplier 中的数据，并使用 WHERE 语句筛选出 name 字段值为“苹果”且 supplier_id 字段值为“S1”的数据，返回商品表 product 的 supplier_id、name 字段和供应商表 supplier 的 supplier_id、supplier_name、phone、address 字段。

（4）按照数据百分比抽取数据库 hive_database 的供应商表 supplier 中 30%的数据，并查询数据的所有字段。

项目评价

请学生结合本项目的学习情况，对学习成果进行自评和互评（组内成员相互评分），请指导教师进行师评和总评，并将评价结果填入表 5-2 中。

表 5-2 学习成果评价表

评价项目	评价内容	评价分数			
		分值	自评	互评	师评
项目完成度（20%）	项目准备阶段，回答问题清晰准确，紧扣主题，没有明显错误	5 分			
	项目实施阶段，根据操作步骤完成本项目	5 分			
	项目实训阶段，出色地完成实训内容	5 分			
	项目总结阶段，将项目总结的空白信息补充完整	2 分			
	项目考核阶段，完成考核题目	3 分			
知识（30%）	简单查询的基本语法格式	5 分			
	条件查询的基本语法格式	5 分			
	分组查询的基本语法格式	5 分			
	排序查询的基本语法格式	5 分			
	连接查询的基本语法格式	5 分			
	抽样查询的基本语法格式	5 分			
技能（35%）	直接查询表中数据	5 分			
	使用条件语句查询表中数据	5 分			
	使用分组语句查询表中数据	5 分			
	使用排序语句查询表中数据	5 分			
	使用连接语句查询多个表中的数据	10 分			
	使用抽样查询语句抽取表中数据，并进行数据查询	5 分			
素养（15%）	具有自主学习意识，做好课前准备	5 分			
	善于思考，积极参与，勇于提出问题	5 分			
	具有团队合作精神，出色完成小组任务	5 分			
合计		100 分			
总评	综合得分：______	指导教师签字：______			
	综合等级：______				

注：综合得分可按照“自评（25%）+互评（25%）+师评（50%）”进行计算；综合等级可以“优”（综合得分≥90 分）、“良”（80 分≤综合得分＜90 分）、“中”（60 分≤综合得分＜80 分）、“差”（综合得分＜60 分）为标准进行评价。

项目 6

Hive 函数

项目目标

知识目标

- 掌握 Hive 中常用的内置函数。
- 熟悉在 Hive 中定义和使用自定义函数的步骤。

技能目标

- 能够使用 Hive 中的内置函数操作数据。
- 能够定义并使用自定义函数操作数据。

素养目标

- 培养自主学习意识，提升实践操作能力。
- 掌握创新方法，培养独立思考和解决问题的能力。

项目描述

函数是一个重要的概念，可以将其理解为一个实现某种功能的可重复使用的代码块。Hive 不仅提供了多种内置函数，还支持自定义函数。使用 Hive 函数可以方便用户对大规模数据进行各种操作，从而简化数据查询与分析过程。某影视公司现计划开展一个关于儿童亲子主题的影视项目，但之前对电影评分数据的分析中未对该主题的相关数据做针对性分析。于是，该影视公司决定使用 Hive 函数操作电影评分数据，并对儿童亲子主题的影视评分数据进行统计分析，从而顺利推进该影视项目。

项目分析

使用 Hive 函数操作电影评分数据主要包括拆分组合的电影类型并对每种电影类型的评分次数进行统计和排序、转换用户评价电影时间戳的显示形式并计算用户评价儿童亲子类电影的时间和电影上映时间相差的年份、判断用户所属的年龄段并统计不同年龄段用户评价儿童亲子类电影的次数。

为了能够使用 Hive 函数准确操作电影评分数据，本项目将先对 Hive 函数的相关知识进行介绍，包括内置函数和自定义函数等。

项目准备

全班学生以 3～5 人为一组进行分组，各组选出组长。组长组织组员扫码观看“Hive 函数概述”视频，讨论并回答下列问题。

问题 1：简述 Hive 函数的分类。

Hive 函数概述

问题 2：简述定义和使用 Hive 自定义函数的核心步骤。

6.1 内置函数

内置函数是预定义的函数，用户无须定义即可直接使用这些函数操作数据。在 Hive 中，常用的内置函数包括数学函数、聚合函数、集合函数、数据类型转换函数、日期/时间函数、条件函数、字符串函数和表生成函数等。

6.1.1 数学函数

数学函数可以在查询和分析数据时执行各种数学运算，该函数的返回值类型一般为数值类型或 STRING 类型。常用的数学函数的详细介绍如表 6-1 所示。

表 6-1 常用的数学函数

数学函数	返回值类型	描 述
FLOOR(DOUBLE a)	BIGINT	向下取整，返回小于或等于 a 的最大整数
CEIL(DOUBLE a)	BIGINT	向上取整，返回大于或等于 a 的最小整数
NEGATIVE(INT a)	INT	返回 a 的相反值
ROUND(DOUBLE a)	BIGINT	返回 a 四舍五入后的整数
ROUND(DOUBLE a, INT d)	DOUBLE	返回 a 四舍五入后的值，保留小数点后 d 位
RAND()	DOUBLE	返回一个 0～1 的随机数
EXP(DOUBLE a)	DOUBLE	返回自然常数 e 的 a 次方
POW(DOUBLE a, DOUBLE p)	DOUBLE	返回 a 的 p 次方
LOG10(DOUBLE a)	DOUBLE	返回以 10 为底 a 的对数
LOG(DOUBLE base, DOUBLE a)	DOUBLE	返回以 base 为底 a 的对数
SQRT(DOUBLE a)	DOUBLE	返回 a 的平方根
ABS(DOUBLE a)	DOUBLE	返回 a 的绝对值
PI()	DOUBLE	返回圆周率的值
SIN(DOUBLE a)	DOUBLE	返回 a 的正弦值
ASIN(DOUBLE a)	DOUBLE	返回 a 的反正弦值
COS(DOUBLE a)	DOUBLE	返回 a 的余弦值
TAN(DOUBLE a)	DOUBLE	返回 a 的正切值
BIN(BIGINT a)	STRING	返回 a 的二进制表示形式

【例 6-1】 查询数据库 hive_database 中商品表 product（该表中的数据见图 6-1）的数据，并使用数学函数对数据进行四舍五入、向下取整和向上取整操作，执行的语句如下，结果如图 6-2 所示。

```
…/> USE hive_database;
…/> SELECT name,
--对字段 cost_price 的值进行四舍五入操作，只保留小数点后 1 位
  > ROUND(cost_price,1) round_cost_price,
--对字段 cost_price 的值进行向下取整操作
  > FLOOR(cost_price) floor_cost_price,
--对字段 cost_price 的值进行向上取整操作
  > CEIL(cost_price) ceil_cost_price
  > FROM product;
```

product.product_id	product.supplier_id	product.name	product.cost_price	product.selling_price	product.category
A1	S2	苹果	5.49	6.99	__HIVE_DEFAULT_PARTITION__
A1	S1	苹果	4.99	6.99	fruit
A3	S2	橙子	4.49	6.99	fruit
A2	S1	香蕉	2.99	3.49	fruit
C2	S3	草莓味 奶酪棒	2.99	4.99	snack
C1	S1	番茄味 薯片	3.49	4.99	snack
B1	S3	土豆	1.49	2.49	vegetable
B2	S4	油麦菜	0.79	1.29	vegetable
B3	S1	胡萝卜	0.99	1.49	vegetable
B4	S2	花菜	1.99	2.99	vegetable

图 6-1　商品表 product 中的数据

name	round_cost_price	floor_cost_price	ceil_cost_price
苹果	5.5	5	6
苹果	5.0	4	5
橙子	4.5	4	5
香蕉	3.0	2	3
草莓味 奶酪棒	3.0	2	3
番茄味 薯片	3.5	3	4
土豆	1.5	1	2
油麦菜	0.8	0	1
胡萝卜	1.0	0	1
花菜	2.0	1	2

图 6-2　商品表 product 中数据的操作结果

6.1.2 聚合函数

聚合函数通常和 GROUP BY 语句一起使用，可以对数据进行汇总和计算。常用的聚合函数的详细介绍如表 6-2 所示。

表 6-2　常用的聚合函数

聚合函数	返回值类型	描　述
COUNT(*)	BIGINT	统计总的数据行数
COUNT(expr)	BIGINT	统计表达式 expr 结果不为空的数据行数。当 expr 为字段名时，返回指定字段值为非空值的数据行数
COUNT(DISTINCT expr)	BIGINT	统计表达式 expr 结果不为空且不重复的数据行数。当 expr 为字段名时，返回指定字段值为非空且不重复的数据行数

表 6-2（续）

聚合函数	返回值类型	描 述
SUM(col)	DOUBLE	计算指定字段 col 中数据的累加值
AVG(col)	DOUBLE	计算指定字段 col 中数据的平均值
MIN(col)	DOUBLE	计算指定字段 col 中数据的最小值
MAX(col)	DOUBLE	计算指定字段 col 中数据的最大值
VAR_POP(col)	DOUBLE	计算指定字段 col 中数据的方差
STDDEV_POP(col)	DOUBLE	计算指定字段 col 中数据的标准差
COLLECT_SET(col)	ARRAY	将指定字段 col 中的数据组合为数组，并去除重复数据
COLLECT_LIST(col)	ARRAY	将指定字段 col 中的数据组合为数组，不去除重复数据

【例 6-2】 查询数据库 hive_database 中商品表 product 的数据，并使用聚合函数统计和组合数据。

（1）切换至数据库 hive_database。

（2）执行如下语句，统计字段 category 值为非空值的数据行数，结果如图 6-3 所示。

```
.../> SELECT COUNT(category) count_category FROM product;
```

```
+----------------+
| count_category |
+----------------+
| 10             |
+----------------+
```

图 6-3 字段 category 值为非空值的数据行数

（3）执行如下语句，统计每个商品类别的销售总额、最高进价和最低进价，结果如图 6-4 所示。

```
.../> SELECT category,
    > SUM(selling_price) sum_selling,
    > MAX(cost_price) max_cost_price,
    > MIN(cost_price) min_cost_price
    > FROM product
    > GROUP BY category;
```

```
+-----------------------------+--------------------+-----------------+-----------------+
|          category           |    sum_selling     | max_cost_price  | min_cost_price  |
+-----------------------------+--------------------+-----------------+-----------------+
| __HIVE_DEFAULT_PARTITION__  | 6.989999771118164  | 5.49            | 5.49            |
| fruit                       | 17.46999955177307  | 4.99            | 2.99            |
| snack                       | 9.979999542236328  | 3.49            | 2.99            |
| vegetable                   | 8.259999990463257  | 1.99            | 0.79            |
+-----------------------------+--------------------+-----------------+-----------------+
```

图 6-4 每个商品类别数据的不同统计结果

高手点拨

> 在计算机内部，FLOAT 类型和 DOUBLE 类型的数据以二进制形式表示，通常无法将这些数据的准确值保存到计算机中。所以，计算 FLOAT 类型和 DOUBLE 类型的数据时可能会出现精度丢失的情况，导致最终的结果带有多位小数。

（4）执行如下语句，将字段 name 中的数据组合为数组，且不包含重复值，结果如图 6-5 所示。

```
.../> SELECT COLLECT_SET(name) collect_set_name FROM product;
```

```
+-----------------------------------------------------+
|                   collect_set_name                  |
+-----------------------------------------------------+
| ["苹果","橙子","香蕉","草莓味 奶酪棒","番茄味 薯片","土豆","油麦菜","胡萝卜","花菜"] |
+-----------------------------------------------------+
```

图 6-5　将字段 name 中的数据组合为数组的结果

6.1.3　集合函数

集合函数可以对 MAP 类型和 ARRAY 类型的数据进行处理。常用的集合函数的详细介绍如表 6-3 所示。

表 6-3　常用的集合函数

集合函数	返回值类型	描　述
SIZE(MAP<K.V>)	INT	返回 MAP 类型数据中键值对的个数
SIZE(ARRAY<T>)	INT	返回 ARRAY 类型数据中元素的个数
MAP_KEYS(MAP<K.V>)	ARRAY	返回一个无序数组，该数组中包含 MAP 类型数据的所有键
MAP_VALUES(MAP<K.V>)	ARRAY	返回一个无序数组，该数组中包含 MAP 类型数据的所有值
ARRAY_CONTAINS (ARRAY<T>, value)	BOOLEAN	判断 ARRAY 类型的数据中是否包含元素 value，若包含该元素，则返回 TRUE，否则返回 FALSE
SORT_ARRAY(ARRAY<T>)	ARRAY	按照自然顺序对 ARRAY 类型数据中的元素进行排序，返回排序后的数组

【例 6-3】　查询数据库 hive_database 中外部表 external_table（表中的数据见图 6-6）的数据，并使用集合函数操作数据。

（1）切换至数据库 hive_database。

（2）执行如下语句，统计所有学生的联系方式和邮箱，结果如图 6-7 所示。

```
.../> SELECT name,
  > MAP_VALUES(contact_info) contact_list,
  > MAP_VALUES(contact_info)[0] email_list
  > FROM external_table;
```

external_table.id	external_table.name	external_table.class	external_table.gender	external_table.hobbies	external_table.contact_info	external_table.address
2023910660	张三	1班	男	["音乐","游泳"]	{"邮箱":"San@163.com","电话":"150****1221"}	{"city":"武汉","province":"湖北"}
2023920103	李四	2班	男	["绘画","骑行"]	{"邮箱":"Si@163.com","电话":"184****1230"}	{"city":"郑州","province":"河南"}
2023930116	王二	3班	男	["魔术","象棋"]	{"邮箱":"Er@163.com","电话":"182****5642"}	{"city":"西安","province":"陕西"}
2023910661	王五	1班	女	["音乐","绘画"]	{"邮箱":"Wu@163.com","电话":"150****1223"}	{"city":"南京","province":"江苏"}
2023920104	赵六	2班	女	["音乐","骑行"]	{"邮箱":"Liu@163.com","电话":"184****1235"}	{"city":"北京","province":"北京"}

图 6-6 外部表 external_table 中的数据

name	contact_list	email_list
张三	["San@163.com","150****1221"]	San@163.com
李四	["Si@163.com","184****1230"]	Si@163.com
王二	["Er@163.com","182****5642"]	Er@163.com
王五	["Wu@163.com","150****1223"]	Wu@163.com
赵六	["Liu@163.com","184****1235"]	Liu@163.com

图 6-7 所有学生的联系方式和邮箱

智慧解析

从图 6-7 中可以看出，MAP_VALUES()函数返回的数组中包含学生的两种联系方式，即邮箱和电话；使用索引（[0]）可以从 MAP_VALUES()函数返回的数组中获取第一个元素，即邮箱。

（3）执行如下语句，判断字段 hobbies 值中是否包含元素“音乐”，并对字段 hobbies 值中的元素进行排序，结果如图 6-8 所示。

```
.../> SELECT name, hobbies,
  > ARRAY_CONTAINS(hobbies, "音乐"),
  > SORT_ARRAY(hobbies) sorted_hobbies
  > FROM external_table;
```

name	hobbies	_c2	sorted_hobbies
张三	["游泳","音乐"]	true	["游泳","音乐"]
李四	["绘画","骑行"]	false	["绘画","骑行"]
王二	["象棋","魔术"]	false	["象棋","魔术"]
王五	["绘画","音乐"]	true	["绘画","音乐"]
赵六	["音乐","骑行"]	true	["音乐","骑行"]

图 6-8 对字段 hobbies 值进行判断和排序后的结果

高手点拨

若查询语句中没有指定存储计算结果的字段名，则默认使用字段_cX 存储计算结果。其中，X 是一个从 0 开始的整数，表示该字段在 SELECT 语句的返回字段中的位置索引。

SORT_ARRAY()函数处理中文数据时，会按照 Unicode 编码的数值对数据进行排序。

6.1.4 数据类型转换函数

数据类型转换函数可以对基本数据类型的数据进行数据类型转换。常用的数据类型转换函数的详细介绍如表 6-4 所示。

表 6-4 常用的数据类型转换函数

数据类型转换函数	返回值类型	描 述
BINARY(STRING)	BINARY	将 STRING 类型的数据转换为二进制形式
CAST(expr AS <Type>)	Type	将表达式 expr 结果的数据类型强制转换为 Type 类型

【例 6-4】 查询数据库 hive_database 中商品表 product 的数据，并使用数据类型转换函数将字段 cost_price 的数据类型强制转换为 INT 类型，执行的语句如下，结果如图 6-9 所示。

```
.../> USE hive_database;
.../> SELECT name, cost_price,
--将字段 cost_price 的数据类型强制转换为 INT
  > CAST(cost_price AS INT) cast_cost_price
  > FROM product;
```

name	cost_price	cast_cost_price
苹果	5.49	5
苹果	4.99	4
橙子	4.49	4
香蕉	2.99	2
草莓味 奶酪棒	2.99	2
番茄味 薯片	3.49	3
土豆	1.49	1
油麦菜	0.79	0
胡萝卜	0.99	0
花菜	1.99	1

图 6-9 字段 cost_price 的数据类型转换结果

6.1.5 日期/时间函数

日期/时间函数可以获取本地 UNIX 时间戳，获取日期/时间类型数据中的年、月、日，获取两个日期/时间类型数据之间相差的天数，等等。常用的日期/时间函数的详细介绍如表 6-5 所示。

表 6-5 常用的日期/时间函数

日期/时间函数	返回值类型	描 述
UNIX_TIMESTAMP()	BIGINT	获取本地 UNIX 时间戳
UNIX_TIMESTAMP (STRING date)	BIGINT	将日期 date 转换为 UNIX 时间戳
FROM_UNIXTIME (BIGINT unixtime [, STRING pattern])	STRING	将 UNIX 时间戳转换为当前时区的时间。其中，unixtime 表示 UNIX 时间戳；pattern 为可选参数，用于指定转换后的时间格式，若省略该参数，将使用默认格式 yyyy-MM-dd HH:mm:ss
TO_DATE(STRING date)	STRING	获取日期 date 中的年、月、日
YEAR(STRING date)	INT	获取日期 date 中的年
MONTH(STRING date)	INT	获取日期 date 中的月
DAY(STRING date)	INT	获取日期 date 中的日
HOUR(STRING date)	INT	获取日期 date 中的时
MINUTE(STRING date)	INT	获取日期 date 中的分
SECOND(STRING date)	INT	获取日期 date 中的秒
QUARTER(STRING date)	INT	返回日期 date 所属的季度
WEEKOFYEAR(STRING date)	INT	返回日期 date 属于一年中的第几周
DATEDIFF(STRING enddate, STRING startdate)	INT	返回结束日期 enddate 与开始日期 startdate 相差的天数
DATE_ADD(STRING startdate, INT days)	STRING	返回开始日期 startdate 加上指定天数 days 后的日期
DATE_SUB(STRING startdate, INT days)	STRING	返回开始日期 startdate 减去指定天数 days 后的日期

【例 6-5】 查询数据库 hive_database 中时间表 date_test 的数据，并使用日期/时间函数操作数据。

（1）切换至数据库 hive_database。

（2）执行如下语句，创建时间表 date_test，该表中包含 start_date 和 end_date 字段。

```
.../> CREATE TABLE date_test(
    > start_date STRING,
    > end_date STRING)
    > ROW FORMAT DELIMITED
```

```
> FIELDS TERMINATED BY ','
> LINES TERMINATED BY '\n';
```

（3）执行如下语句，获取当前时间戳和经过格式化后的日期时间，结果如图 6-10 所示。

```
.../> SELECT UNIX_TIMESTAMP() unix_utimestamp,
> FROM_UNIXTIME(UNIX_TIMESTAMP(), 'yyyy-MM-dd HH:mm:ss') dates;
```

```
+-------------------+------------------------+
| unix_utimestamp   |         dates          |
+-------------------+------------------------+
| 1703156306        | 2023-12-21 10:58:26    |
+-------------------+------------------------+
```

图 6-10　获取当前时间戳和日期时间的结果

（4）执行如下语句，向时间表 date_test 中插入两条数据。

```
.../> INSERT INTO TABLE date_test VALUES
> ('2023-08-19 06:41:15', '2023-11-19 06:41:15'),
> ('2023-12-12 13:41:15', '2023-12-19 14:41:15');
```

（5）执行如下语句，获取字段 start_date 值中的年、月，以及字段 start_date 值和字段 end_date 值相差的天数，结果如图 6-11 所示。

```
.../> SELECT start_date, end_date,
> YEAR(start_date) start_year,
> MONTH(start_date) start_month,
> DATEDIFF(end_date, start_date) days_diff
> FROM date_test;
```

```
+------------------------+------------------------+------------+-------------+-----------+
|      start_date        |        end_date        | start_year | start_month | days_diff |
+------------------------+------------------------+------------+-------------+-----------+
| 2023-08-19 06:41:15    | 2023-11-19 06:41:15    | 2023       | 8           | 92        |
| 2023-12-12 13:41:15    | 2023-12-19 14:41:15    | 2023       | 12          | 7         |
+------------------------+------------------------+------------+-------------+-----------+
```

图 6-11　使用日期/时间函数获取数据的结果

6.1.6　条件函数

条件函数可以根据特定条件筛选和处理数据。常用的条件函数的详细介绍如表 6-6 所示。

表 6-6　常用的条件函数

条件函数	返回值类型	描　述
IF(BOOLEAN testCondition, T valueTrue, T valueFalseOrNull)	T	若判断条件 testCondition 的结果为 TRUE，则返回 valueTrue 值；否则返回 valueFalseOrNull 值
NVL(T value,T default_value)	T	若 value 值为 NULL，则返回 default_value 值；否则返回 value 值

表 6-6（续）

条件函数	返回值类型	描　述
COALESCE(T v1, T v2, …)	T	返回第一个非空值。其中，v1 和 v2 为值或字段，当 v1 和 v2 为字段时，则返回字段 v1 和字段 v2 中的第一个非空值
CASE a WHEN b THEN c [WHEN d THEN e] … [ELSE f] END	T	若字段 a 的值等于 b 值，则返回 c；若字段 a 的值等于 d 值，则返回 e；否则返回 f；若没有提供 ELSE 分支，并且字段 a 的值不等于任何明确指定的值，则返回 NULL。例如， CASE score WHEN 90 THEN '优' WHEN 80 THEN '良' ELSE '中' END
CASE WHEN expr1 THEN result1 [WHEN expr2 THEN result2] … [ELSE result3] END	T	若条件表达式 expr1 的结果为 TRUE，则返回 result1；若条件表达式 expr2 的结果为 TRUE，则返回 result2；否则返回 result3；若没有提供 ELSE 分支，并且任何条件表达式的结果都不为 TRUE，则返回 NULL。例如， CASE WHEN score >= 90 THEN 'A' WHEN score < 90 AND score >= 80 THEN 'B' ELSE 'C' END

【例 6-6】　查询数据库 hive_database 中商品表 product 的数据，并使用条件函数操作数据。

（1）切换至数据库 hive_database。

（2）执行如下语句，评估商品进价是否偏高，结果如图 6-12 所示。当进价大于或等于 4.5 时，将进价等级设置为 high；否则将进价等级设置为 not_high。

```
.../> SELECT name, cost_price,
    > IF(cost_price >= 4.5, 'high', 'not_high') cost_price_level
    > FROM product;
```

```
+-----------+-------------+-------------------+
|   name    | cost_price  | cost_price_level  |
+-----------+-------------+-------------------+
| 苹果      | 5.49        | high              |
| 苹果      | 4.99        | high              |
| 橙子      | 4.49        | not_high          |
| 香蕉      | 2.99        | not_high          |
| 草莓味 奶酪棒 | 2.99    | not_high          |
| 番茄味 薯片 | 3.49      | not_high          |
| 土豆      | 1.49        | not_high          |
| 油麦菜    | 0.79        | not_high          |
| 胡萝卜    | 0.99        | not_high          |
| 花菜      | 1.99        | not_high          |
+-----------+-------------+-------------------+
```

图 6-12　商品进价的评估结果

（3）执行如下语句，评估商品利润所属的等级，结果如图 6-13 所示。当利润（售价减去进价）大于或等于 1.5 时，将利润等级设置为 high；当利润大于或等于 1 且小于 1.5 时，将利润等级设置为 middle；否则将利润等级设置为 low。

```
.../> SELECT name, supplier_id, cost_price, selling_price,
    > CASE WHEN((selling_price-cost_price) >= 1.5) THEN 'high'
    > WHEN((selling_price-cost_price) >= 1 AND
    > (selling_price-cost_price) < 1.5) THEN 'middle'
    > ELSE 'low'
    > END AS profit
    > FROM product;
```

```
+-----------+--------------+-------------+---------------+---------+
|   name    | supplier_id  | cost_price  | selling_price | profit  |
+-----------+--------------+-------------+---------------+---------+
| 苹果      | S2           | 5.49        | 6.99          | high    |
| 苹果      | S1           | 4.99        | 6.99          | high    |
| 橙子      | S2           | 4.49        | 6.99          | high    |
| 香蕉      | S1           | 2.99        | 3.49          | low     |
| 草莓味 奶酪棒 | S3       | 2.99        | 4.99          | high    |
| 番茄味 薯片 | S1         | 3.49        | 4.99          | middle  |
| 土豆      | S3           | 1.49        | 2.49          | middle  |
| 油麦菜    | S4           | 0.79        | 1.29          | low     |
| 胡萝卜    | S1           | 0.99        | 1.49          | low     |
| 花菜      | S2           | 1.99        | 2.99          | middle  |
+-----------+--------------+-------------+---------------+---------+
```

图 6-13　商品利润等级的评估结果

6.1.7　字符串函数

字符串函数可以对字符串类型的数据进行处理，如拼接字符串、转换字符串中字母的大小写、去除字符串左右边的空格等。常用的字符串函数的详细介绍如表 6-7 所示。

表 6-7　常用的字符串函数

字符串函数	返回值类型	描　述
CONCAT(STRING|BINARY A, STRING|BINARY B, …)	STRING	按照顺序拼接字符串或二进制字节码，拼接后的结果没有分隔符
CONCAT_WS(STRING sep, STRING A, STRING B, …)	STRING	按照顺序拼接字符串，并使用分隔符 sep 分隔拼接后的结果
LOWER(STRING str)	STRING	将字符串 str 的所有字母转换为小写字母
UPPER(STRING str)	STRING	将字符串 str 的所有字母转换为大写字母
INITCAP(STRING str)	STRING	将字符串 str 的首字母转换为大写字母
LTRIM(STRING str)	STRING	去除字符串 str 左边的空格
RTRIM(STRING str)	STRING	去除字符串 str 右边的空格

表 6-7（续）

字符串函数	返回值类型	描　述
TRIM(STRING str)	STRING	去除字符串 str 左边和右边的空格
REGEXP_REPLACE(STRING initial_string, STRING pattern, STRING replacement)	STRING	将字符串 initial_string 中符合正则表达式 pattern 的部分替换为 replacement
REPEAT(STRING str, INT n)	STRING	重复输出 n 次字符串 str
REVERSE(STRING str)	STRING	反转字符串 str 中字符的顺序
SUBSTR(STRING str, INT start, INT len)	STRING	从起始位置 start 开始，截取字符串 str 的指定长度 len 的子字符串。其中，参数 len 可以省略，表示截取从起始位置 start 到字符串 str 末尾的子字符串
SUBSTRING_INDEX(STRING str, STRING delim, INT count)	STRING	获取字符串 str 第 count 个分隔符 delim 之前或之后的内容。其中，当 count 为正数时，获取从字符串开头到第 count 个分隔符之间的子字符串；当 count 为负数时，获取从字符串第 count 个分隔符到末尾之间的子字符串。例如，SUBSTRING_INDEX('apple,banana,cherry', ',' ,2)表示获取字符串“apple,banana,cherry”第二个逗号之前的内容
TRANSLATE(STRING str, STRING from, STRING to)	STRING	将字符串 str 中的子字符串 from 替换为字符串 to
INSTR(STRING str, STRING substr)	INT	返回字符串 str 中子字符串 substr 出现的位置，若查找位置失败，则返回 0
LENGTH(STRING str)	INT	返回字符串 str 的长度
SPLIT(STRING str, STRING patten)	ARRAY	按照正则表达式 patten 分割字符串 str，并以数组的形式返回分割结果。例如，SPLIT('Hello,World', ',') 表示按照逗号分割字符串“Hello,World”，返回 ["Hello","World"]
STR_TO_MAP(text [, DELIMITER1, DELIMITER2])	MAP	将文本字符串 text 转换为 MAP 类型的数据。其中，DELIMITER1 为可选参数，表示键值对之间的分隔符，默认值为“,”；DELIMITER2 为可选参数，表示键和值之间的分隔符，默认值为“=”。例如，STR_TO_MAP('name1=wl,name2=zs', ',' , '=')表示将文本字符串“name=wl,name=zs”转换为 MAP 类型的数据，键值对之间的分隔符为“,”，键和值之间的分隔符为“=”

【例 6-7】 查询数据库 hive_database 中商品表 product 的数据，并使用字符串函数操作数据。

（1）切换至数据库 hive_database。

（2）执行如下语句，拼接字段 product_id 和字段 name 的值，结果如图 6-14 所示。

```
.../> SELECT product_id, name,
    > CONCAT(product_id, name ) id_name,
```

```
> CONCAT_WS(':', product_id, name ) ws_id_name
> FROM product;
```

```
+--------------+-----------+-------------+-------------+
| product_id   |   name    |  id_name    | ws_id_name  |
+--------------+-----------+-------------+-------------+
| A1           | 苹果        | A1苹果        | A1:苹果        |
| A1           | 苹果        | A1苹果        | A1:苹果        |
| A3           | 橙子        | A3橙子        | A3:橙子        |
| A2           | 香蕉        | A2香蕉        | A2:香蕉        |
| C2           | 草莓味 奶酪棒  | C2草莓味 奶酪棒  | C2:草莓味 奶酪棒  |
| C1           | 番茄味 薯片   | C1番茄味 薯片   | C1:番茄味 薯片   |
| B1           | 土豆        | B1土豆        | B1:土豆        |
| B2           | 油麦菜       | B2油麦菜       | B2:油麦菜       |
| B3           | 胡萝卜       | B3胡萝卜       | B3:胡萝卜       |
| B4           | 花菜        | B4花菜        | B4:花菜        |
+--------------+-----------+-------------+-------------+
```

图 6-14 拼接字段 product_id 值和字段 name 值的结果

智慧解析

从图 6-14 中可以看出，CONCAT()函数返回的拼接结果中，没有分隔符；CONCAT_WS()函数返回的拼接结果中，使用“:”作为分隔符。

（3）执行如下语句，将商品名称中的空格替换为“_”，结果如图 6-15 所示。

```
.../> SELECT name,
 > REGEXP_REPLACE(name, '\\s', '_') replace_name
 > FROM product;
```

```
+-----------+---------------+
|   name    | replace_name  |
+-----------+---------------+
| 苹果        | 苹果            |
| 苹果        | 苹果            |
| 橙子        | 橙子            |
| 香蕉        | 香蕉            |
| 草莓味 奶酪棒  | 草莓味_奶酪棒      |
| 番茄味 薯片   | 番茄味_薯片       |
| 土豆        | 土豆            |
| 油麦菜       | 油麦菜           |
| 胡萝卜       | 胡萝卜           |
| 花菜        | 花菜            |
+-----------+---------------+
```

图 6-15 将商品名称中的空格替换为“_”的结果

【例 6-8】 查询数据库 hive_database 中供应表 supplier（该表中的数据见图 6-16）的数据，并使用字符串函数统计供应商所在的城市或区，执行的语句如下，结果如图 6-17 所示。

```
…/> USE hive_database;
…/> SELECT address,
  > SUBSTR(address, INSTR(address,' ')+1) city
  > FROM supplier;
```

```
+-----------------------+------------------------+-----------------+-------------------+
| supplier.supplier_id  | supplier.supplier_name | supplier.phone  | supplier.address  |
+-----------------------+------------------------+-----------------+-------------------+
| S1                    | 绿花供应               | 150****6688     | 湖北 武汉         |
| S3                    | 明星企业               | 187****8866     | 河北 廊坊         |
| S4                    | 海景贸易               | 186****6666     | 北京 海淀         |
| S5                    | 丰收食品               | 153****8808     | 北京 昌平         |
+-----------------------+------------------------+-----------------+-------------------+
```

图 6-16　供应表 supplier 中的数据

```
+-----------+-------+
| address   | city  |
+-----------+-------+
| 湖北 武汉 | 武汉  |
| 河北 廊坊 | 廊坊  |
| 北京 海淀 | 海淀  |
| 北京 昌平 | 昌平  |
+-----------+-------+
```

图 6-17　供应商所在的城市或区

高手点拨

首先使用 INSTR()函数查找字段 address 值中第一个空格出现的位置并加 1，得到截取字段 address 值的起始位置；然后使用 SUBSTR()函数截取字段 address 值中的城市或区。

6.1.8　表生成函数

表生成函数可以将指定数据拆分为多行数据。常用的表生成函数的详细介绍如表 6-8 所示。

表 6-8　常用的表生成函数

表生成函数	返回值类型	描　述
EXPLODE (ARRAY<T> a)	T	将数组 a 中的每个元素都转换为一行数据。其中，T 表示数组 a 中元素的数据类型
EXPLODE (MAP<Tkey,Tvalue> m)	Tkey,Tvalue	将映射 m 中的每个键值对都转换为两行数据，一行数据包含键（key），另一行数据包含值（value）。其中，Tkey 表示映射 m 中键的数据类型；Tvalue 表示映射 m 中值的数据类型

表 6-8（续）

表生成函数	返回值类型	描　述
POSEXPLODE (ARRAY<T> a)	int,T	与 EXPLODE(ARRAY<T> a)函数的功能类似，不同的是，POSEXPLODE()函数会同时返回数组中元素的索引值
JSON_TUPLE(STRING jsonStr, STRING k1, … , STRING kn)	返回值的类型均为 STRING	从 JSON 字符串 jsonStr 中提取指定键对应的值。其中，k1，… ，kn 表示键。例如，JSON_TUPLE ('{"k1":"value1","k2":"value2","k3":"value3"}','k1','k2') 表示从 JSON 字符串“{"k1":"value1", "k2":"value2", "k3":"value3"}”中提取键“k1”和“k2”的值
PARSE_URL_TUPLE (STRING urlStr, STRING p1, … , STRING pn)	返回值的类型均为 STRING	从 URL 字符串 urlStr 中解析出指定的 URL 组件的值。其中，p1，… ，pn 表示 URL 组件，可以为 HOST、PATH、QUERY、REF、PROTOCOL、AUTHORITY、FILE 和 USERINFO 等。例如，PARSE_URL_TUPLE('https://www.example.com/?param1=123&param2=abc', 'HOST', 'PATH')表示解析 URL 字符串“https://www.example.com/?param1=123&param2=abc”中 HOST 和 PATH 组件的值

高手点拨

表生成函数可以直接放在 SELECT 后面使用，也可以和 LATERAL VIEW 一起使用。当直接放在 SELECT 后面使用时，只能访问表生成函数指定的字段；当和 LATERAL VIEW 一起使用时，允许访问表中的多个字段，并将表生成函数的返回结果作为表的一部分进行处理。

LATERAL VIEW 语句的语法格式如下。

```
SELECT select_expr
FROM table_reference
LATERAL VIEW function_name alias AS columnAlias1, columnAlias2 …;
```

其中，function_name 表示表生成函数；alias 表示表生成函数返回结果的别名；AS columnAlias1, columnAlias2 …用于指定表生成函数返回结果中每个字段的别名。

【例 6-9】 查询数据库 hive_database 中外部表 external_table 的数据，并使用表生成函数操作数据。

（1）切换至数据库 hive_database。

（2）执行如下语句，将字段 hobbies 值中的元素拆分为多行数据，结果如图 6-18 所示。

```
.../> SELECT EXPLODE(hobbies) explode_hobbies
   > FROM external_table;
```

explode_hobbies
音乐
游泳
绘画
骑行
魔术
象棋
音乐
绘画
音乐
骑行

图 6-18　字段 hobbies 值拆分为多行数据的结果

（3）执行如下语句，将字段 hobbies 值中的元素拆分为多行数据，并返回元素在数组中的索引值，结果如图 6-19 所示。

```
.../> SELECT name, class, po_hobbies.pos, po_hobbies.hobbies
    > FROM external_table
    > LATERAL VIEW POSEXPLODE(hobbies) po_hobbies AS pos, hobbies;
```

name	class	po_hobbies.pos	po_hobbies.hobbies
张三	1班	0	音乐
张三	1班	1	游泳
李四	2班	0	绘画
李四	2班	1	骑行
王二	3班	0	魔术
王二	3班	1	象棋
王五	1班	0	音乐
王五	1班	1	绘画
赵六	2班	0	音乐
赵六	2班	1	骑行

图 6-19　字段 hobbies 值拆分为多行数据并返回索引值的结果

（4）执行如下语句，将字段 contact_info 值中的元素拆分为多行数据，结果如图 6-20 所示。

```
.../> SELECT contact_info, contact.con_name, contact.con_value
    > FROM external_table
    > LATERAL VIEW EXPLODE(contact_info) contact
    > AS con_name, con_value;
```

```
+--------------------------------------------------+----------------------+--------------------+
|                  contact_info                    | contact.con_name     | contact.con_value  |
+--------------------------------------------------+----------------------+--------------------+
| {"邮箱":"San@163.com","电话":"150****1221"}      | 邮箱                 | San@163.com        |
| {"邮箱":"San@163.com","电话":"150****1221"}      | 电话                 | 150****1221        |
| {"邮箱":"Si@163.com","电话":"184****1230"}       | 邮箱                 | Si@163.com         |
| {"邮箱":"Si@163.com","电话":"184****1230"}       | 电话                 | 184****1230        |
| {"邮箱":"Er@163.com","电话":"182****5642"}       | 邮箱                 | Er@163.com         |
| {"邮箱":"Er@163.com","电话":"182****5642"}       | 电话                 | 182****5642        |
| {"邮箱":"Wu@163.com","电话":"150****1223"}       | 邮箱                 | Wu@163.com         |
| {"邮箱":"Wu@163.com","电话":"150****1223"}       | 电话                 | 150****1223        |
| {"邮箱":"Liu@163.com","电话":"184****1235"}      | 邮箱                 | Liu@163.com        |
| {"邮箱":"Liu@163.com","电话":"184****1235"}      | 电话                 | 184****1235        |
+--------------------------------------------------+----------------------+--------------------+
```

图 6-20 字段 contact_info 值拆分为多行数据的结果

6.2 自定义函数

当 Hive 提供的内置函数无法满足业务需求时，用户可以根据业务需求编写自定义函数。Hive 支持 3 种自定义函数，分别为用户自定义函数、用户自定义表生成函数和用户自定义聚合函数。

6.2.1 用户自定义函数

在 Hive 中，用户自定义函数（user defined function, UDF）可以对输入的单行数据进行操作，并返回单行数据。UDF 的返回值可以为 NULL，但是必须指定返回值的数据类型。

在实际开发中，一般使用 Java 编程语言编写 UDF 中的逻辑。通常定义和使用 UDF 的步骤如下。

（1）创建项目、软件包、Java 类，用于编写 UDF 的逻辑。

（2）在 Java 类中编写代码，继承 org.apache.hadoop.hive.ql.exec.UDF 类，并根据业务需求重写父类的 evaluate()方法。

（3）编译打包。将含有 Java 类的项目打包为可执行的 JAR 文件。

（4）上传 JAR 文件。将可执行的 JAR 文件上传到 Hadoop 集群中的指定目录。

（5）添加 JAR 文件。在 Hive 客户端，将 JAR 文件添加到 Hive 中，其语法格式如下。

```
ADD JAR path/jar_name.jar;
```

其中，path 表示存放 JAR 文件的路径；jar_name.jar 表示 JAR 文件的名称。

（6）创建临时函数。在 Hive 客户端创建临时函数，其语法格式如下。

```
CREATE TEMPORARY FUNCTION function_name AS jar_class_path;
```

其中，CREATE TEMPORARY FUNCTION 为创建临时函数的关键字；function_name 表示创建的函数的名称；AS jar_class_path 用于指定函数使用的 Java 类。

（7）使用自定义函数。在 Hive 客户端使用自定义函数执行查询操作。

高手点拨

（1）临时函数仅在当前 Hive 会话中可用，当会话结束时会自动删除；持久函数可以在多个会话中使用，即使会话结束或 Hive 服务重启，函数也不会自动删除。

（2）创建持久函数之前，不需要使用 ADD 关键字将 JAR 文件添加到 Hive 中，只需要将 JAR 文件上传到 HDFS 中。创建持久函数的语法格式如下。

```
CREATE FUNCTION function_name AS jar_class_path
USING JAR hdfs_jar_path;
```

其中，hdfs_jar_path 表示 JAR 文件在 HDFS 中的存储路径。

（3）删除自定义函数的语法格式如下。

```
DROP FUNCTION [IF EXISTS] function_name;
```

其中，DROP FUNCTION 为删除自定义函数的关键字。

【例 6-10】 使用 UDF 比较数据库 hive_database 中商品表 product 中的进价和售价。

步骤 1 创建项目。在 Windows 系统中安装并启动 IntelliJ IDEA 软件；然后选择“新建项目”选项，打开“新建项目”对话框，输入项目名称“Hive_Function”，设置项目的位置、语言、构建系统，并下载指定版本的 JDK；最后单击“创建”按钮，如图 6-21 所示。

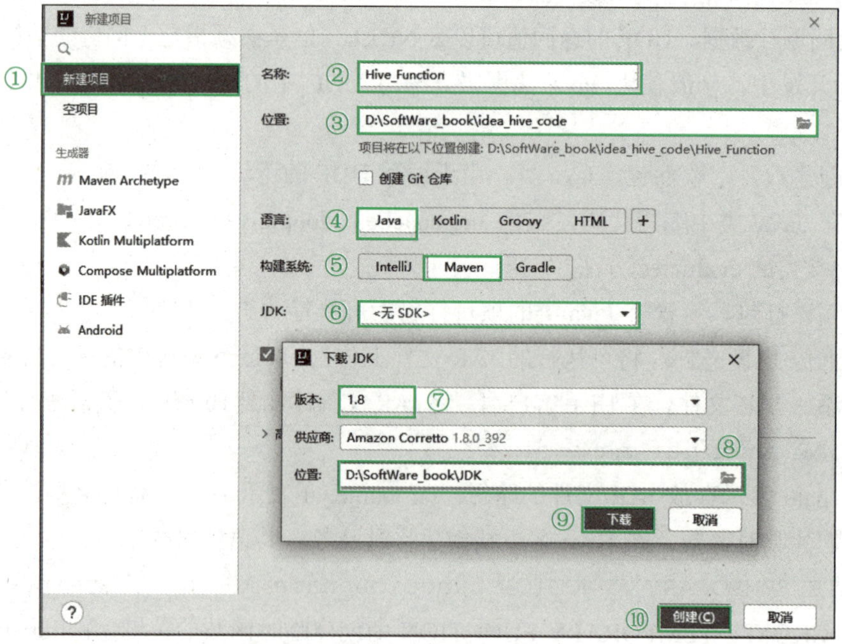

图 6-21 新建项目

步骤2 添加使用Hive的依赖。打开项目“Hive_Function”中的XML文件“pom.xml”，在该文件中</project>标签的上方添加如下依赖项。

```
<dependencies>
   <dependency>
      <groupId>org.apache.hive</groupId>
      <artifactId>hive-exec</artifactId>
      <version>3.1.3</version>
   </dependency>
</dependencies>
```

小提示

本书的Hive版本为3.1.3，读者需要将依赖项中的Version修改为自己安装的Hive版本。添加完Hive依赖后，在“pom.xml”文件中右击，然后在弹出的快捷菜单中选择“Maven”/“重新加载项目”选项，Maven会自动下载并添加该依赖项到项目中，以便在代码中使用Hive的hive-exec功能。如果下载依赖项的时间较长，读者可以参考本书配套素材“前置环境的配置与安装”文档，设置镜像下载地址，加快下载速度。

步骤3 新建软件包。右击项目中的“src/main/java”目录，在弹出的快捷菜单中选择“新建”/“软件包”选项；在显示的“新建软件包”编辑框中输入软件包的名称“cn.jqe.hive”，并按“Enter”键。

步骤4 新建Java类。右击新建的软件包“cn.jqe.hive”，在弹出的快捷菜单中选择“新建”/“Java类”选项；在显示的“创建新的类”编辑框中输入Java类的名称“hiveUDF”，并按“Enter”键。

步骤5 在Java类hiveUDF中编写如下代码，比较两个字段的值是否相等，若不相等，则输出两个字段值中较小的值，以及两个字段值的正差值；若相等，则输出equal值。

```
package cn.jqe.hive;
import org.apache.hadoop.hive.ql.exec.UDF;
//定义Java类hiveUDF，并继承UDF类
public class hiveUDF extends UDF {
   //重写evaluate()方法
   public String evaluate(double column1, double column2) {
      if (column1 > column2) {
         return "min:"+column2+",diffe:"+(column1-column2);
      }else if (column1<column2){
```

```
            return "min:"+column1+",diffe:"+(column2-column1);
        }else return "equal";
    }
}
```

步骤 6 将项目打包为 JAR 文件。选择右侧导航栏的“Maven”选项；然后在打开的“Maven”任务窗格中依次双击“Hive_Function”和“生命周期”选项；最后在展开的列表中双击“package”选项，将项目“Hive_Function”打包为 JAR 文件，如图 6-22 所示。

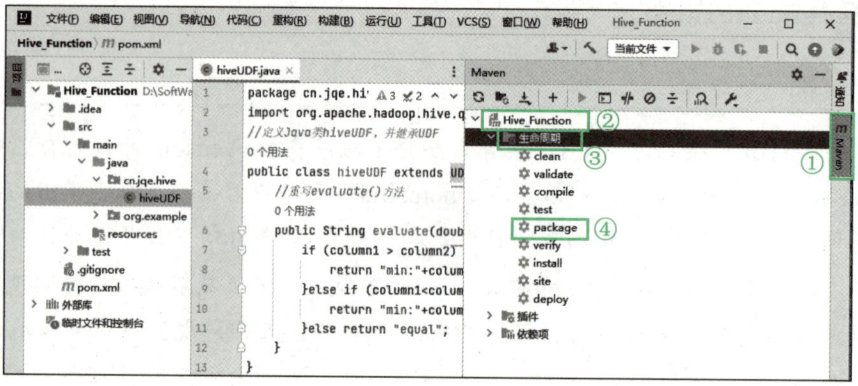

图 6-22 将项目“Hive_Function”打包为 JAR 文件

小提示

如果控制台出现“BUILD SUCCESS”，则证明 JAR 文件打包成功。

步骤 7 重命名 JAR 文件。根据控制台的提示信息，找到打包完成的 JAR 文件所在的目录；然后将该 JAR 文件重命名为“hiveUDF.jar”，重命名后的 JAR 文件如图 6-23 所示。

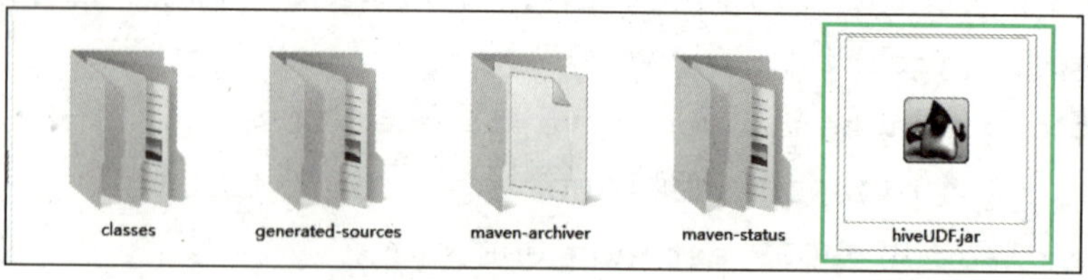

图 6-23 重命名后的 JAR 文件

步骤 8 上传 JAR 文件至 Worker1 主机中。启动 Worker1 主机的终端，执行如下命令，在“/usr/local/hive”目录中新建文件夹“jar”，用于存放 JAR 文件。然后，将 JAR 文件“hiveUDF.jar”上传至该文件夹中。

```
[hadoop@Worker1 ~]$ mkdir -p /usr/local/hive/jar
```

步骤 9 将 JAR 文件添加至 Hive 中。启动 Worker2 主机的终端，使用 Beeline 工具连接 Worker1 主机的 HiveServer2 服务；然后执行如下语句，将“/usr/local/hive/jar”目录中的 JAR 文件“hiveUDF.jar”添加至 Hive 中。

```
.../> ADD JAR /usr/local/hive/jar/hiveUDF.jar;
```

步骤 10 在 Worker2 主机上执行如下语句，查看当前 Hive 中包含的 JAR 文件，验证 JAR 文件“hiveUDF.jar”是否添加成功。如果出现该 JAR 文件，则证明添加成功，如图 6-24 所示。

```
.../> LIST JARS;
```

```
+----------------------------------+
|             resource             |
+----------------------------------+
| /usr/local/hive/jar/hiveUDF.jar  |
+----------------------------------+
```

图 6-24　当前 Hive 中包含的 JAR 文件

步骤 11 创建临时函数。在 Worker2 主机上执行如下语句，创建临时函数 MyCompare。

```
.../> CREATE TEMPORARY FUNCTION MyCompare
   > AS 'cn.jqe.hive.hiveUDF';
```

步骤 12 在 Worker2 主机上执行如下语句，查看当前 Hive 中以“MyCom”开头的函数，验证函数 MyCompare 是否创建成功。如果出现“mycompare”，则证明创建成功，如图 6-25 所示。

```
+------------+
|  tab_name  |
+------------+
| mycompare  |
+------------+
```

图 6-25　当前 Hive 中以“MyCom”开头的函数

```
.../> SHOW FUNCTIONS LIKE 'MyCom*';
```

高手点拨

在 Hive 中，数据库名称、表名称、函数名称、关键字和数据类型均不区分大小写。

步骤 13 使用自定义函数。在 Worker2 主机上执行如下语句，切换至数据库 hive_database，然后使用函数 MyCompare 比较商品表 product 中的进价和售价，结果如图 6-26 所示。

```
.../> USE hive_database;
.../> SELECT cost_price, selling_price,
   > MyCompare(cost_price, selling_price) result
   > FROM product;
```

cost_price	selling_price	result
5.49	6.99	min:5.489999771118164,diffe:1.5
4.99	6.99	min:4.989999771118164,diffe:2.0
2.99	3.49	min:2.990000009536743,diffe:0.5
4.49	6.99	min:4.489999771118164,diffe:2.5
3.49	4.99	min:3.490000009536743,diffe:1.499999761581421
2.99	4.99	min:2.990000009536743,diffe:1.999999761581421
1.49	2.49	min:1.4900000095367432,diffe:1.0
0.79	1.29	min:0.7900000214576721,diffe:0.4999999403953552
0.99	1.49	min:0.9900000095367432,diffe:0.5
1.99	2.99	min:1.9900000095367432,diffe:1.0

图 6-26 进价和售价的比较结果

6.2.2 用户自定义表生成函数

在 Hive 中，用户自定义表生成函数（user defined table-generating function, UDTF）可以将输入的单行数据拆分为多行数据。定义和使用 UDTF 的步骤与 UDF 类似，不同之处在于，实现 UDTF 的类继承 org.apache.hadoop.hive.ql.udf.generic.GenericUDTF 类，并重写父类的 3 个方法。

（1）initialize()方法用于初始化 UDTF 实例，在该方法中可以定义必要的初始化工作，如设置输出的字段名和输出的数据类型等。

（2）process()方法用于处理输入数据并生成输出数据。每输入一行数据，就会调用一次 process()方法，在该方法中可以使用 forward()方法输出生成的数据行。

（3）close()方法在 UDTF 执行结束后调用，在该方法中可以执行释放资源、关闭连接等操作。

【例 6-11】 查询数据库 hive_database 中外部表 external_table 的字段 hobbies，并使用 UDTF 将该字段值中的元素拆分为多行数据。

步骤 1 在软件包“cn.jqe.hive”中新建 Java 类 hiveUDTF，并在该类中编写如下代码，将数组中的每个元素拆分为一行数据。

```
package cn.jqe.hive;
//导入所需的依赖项
import org.apache.hadoop.hive.ql.udf.generic.GenericUDTF;
import org.apache.hadoop.hive.serde2.objectinspector.*;
import org.apache.hadoop.hive.serde2.objectinspector.primitive.*;
import java.util.*;
import org.apache.hadoop.hive.ql.metadata.HiveException;
//定义 Java 类 hiveUDTF，并继承 GenericUDTF 类
public class hiveUDTF extends GenericUDTF {
    //定义两个变量 listOI 和 stringOI
```

```
    private ListObjectInspector listOI;
    private StringObjectInspector stringOI;
    //重写 initialize()方法
  public StructObjectInspector initialize(ObjectInspector[] args)  {
        listOI = (ListObjectInspector) args[0];
        stringOI = (StringObjectInspector)listOI.getListElement
ObjectInspector();
        List<String> fieldNames = new ArrayList<>();
        List<ObjectInspector> fieldOIs = new ArrayList<>();
        fieldNames.add("element");
        fieldOIs.add(stringOI);
        return ObjectInspectorFactory.getStandardStructObject
Inspector(fieldNames, fieldOIs);
    }
    //重写 process()方法
    public void process(Object[] args) throws HiveException {
        List<?> array = listOI.getList(args[0]);
        if (array == null) {
        return;
        }
        //循环遍历数组中的每个元素
        for (Object element : array) {
            //使用 forward()方法输出每个元素
            forward(new Object[]{element});
        }
    }
    //重写 close()方法
    public void close() {
    }
  }
```

步骤 2 将项目“Hive_Function”打包为 JAR 文件，并将该 JAR 文件重命名为“hiveUDTF.jar”；然后将 JAR 文件“hiveUDTF.jar”上传至 Worker1 主机的“/usr/local/hive/jar”目录中。

步骤 3 在 Worker2 主机上执行如下语句，将"/usr/local/hive/jar"目录中的 JAR 文件"hiveUDTF.jar"添加到 Hive 中。然后，验证该 JAR 文件是否添加成功。

```
.../> ADD JAR /usr/local/hive/jar/hiveUDTF.jar;
```

步骤 4 在 Worker2 主机上执行如下语句，创建临时函数 MyExplodeArray。

```
.../> CREATE TEMPORARY FUNCTION MyExplodeArray
  > AS 'cn.jqe.hive.hiveUDTF';
```

步骤 5 在 Worker2 主机上执行如下语句，切换至数据库 hive_database；然后查询外部表 external_table 中的数据，并使用函数 MyExplodeArray 将字段 hobbies 值中的元素拆分为多行，结果如图 6-27 所示。

```
.../> USE hive_database;
.../> SELECT name,class,ex_hobbies
  > FROM external_table
  > LATERAL VIEW
  > MyExplodeArray(hobbies) explode_hobbies AS ex_hobbies;
```

name	class	ex_hobbies
张三	1班	音乐
张三	1班	游泳
李四	2班	绘画
李四	2班	骑行
王二	3班	魔术
王二	3班	象棋
王五	1班	音乐
王五	1班	绘画
赵六	2班	音乐
赵六	2班	骑行

图 6-27 字段 hobbies 值中元素的拆分结果

6.2.3 用户自定义聚合函数

在 Hive 中，用户自定义聚合函数（user defined aggregate function, UDAF）可以将输入的多行数据聚合为单行数据。用户可以使用以下两种方式定义 UDAF。

（1）简单方法。创建 Java 类，继承 org.apache.hadoop.hive.ql.exec.UDAF 类，并在派生类中以静态内部类的方式实现 org.apache.hadoop.hive.ql.exec.UDAFEvaluator 接口，在该接口中重写 init()、iterate()、merge()、terminatePartial()和 terminate()方法。

（2）通用方法。创建 Java 类，继承 org.apache.hadoop.hive.ql.udf.generic.AbstractGenericUDAFResolver 类，并重写 getEvaluator()方法；创建 Java 类，继承 org.apache.hadoop.hive.ql.udf.generic.GenericUDAFEvaluator 类，并重写 init()、iterate()、merge()、terminatePartial()和 terminate()方法。

高手点拨

init()方法用于初始化聚合计算的状态，并设置 UDAF 返回值的数据类型；iterate()方法用于迭代计算每个输入参数；merge()方法用于合并不同节点上的计算结果；terminatePartial()方法用于返回聚合函数的部分计算结果；terminate()方法用于返回聚合函数的最终计算结果。

【例 6-12】 使用 UDAF 计算数据库 hive_database 的商品表 product 中进价的平均值。

步骤 1 在软件包“cn.jqe.hive”中新建 Java 类 hiveUDAF，在该类中编写如下代码，计算多行数据的平均值。

```
package cn.jqe.hive;
import org.apache.hadoop.hive.ql.exec.UDAF;
import org.apache.hadoop.hive.ql.exec.UDAFEvaluator;
//定义 Java 类 hiveUDAF，并继承 UDAF 类
public class hiveUDAF extends UDAF {
    //定义静态内部类 AvgState
    public static class AvgState {
        //定义两个变量，用于存放元素数量和元素之和
        private long mCount;
        private double mSum;
    }
    //定义静态内部类 AvgEvaluator，实现 UDAFEvaluator 接口
    public static class AvgEvaluator implements UDAFEvaluator {
        //定义一个 AvgState 类型的变量 state，用于保存聚合状态
        AvgState state;
        //构造方法，在创建 AvgEvaluator 实例时初始化 state
        public AvgEvaluator() {
            super();
            state = new AvgState();
            init();
        }
        //重写 init()方法
        public void init() {
            state.mSum = 0;
            state.mCount = 0;
```

```
        }
        //重写 iterate()方法
        public boolean iterate(Double i) {
            if (i != null) {
                state.mSum += i;
                state.mCount++;
            }
            return true;
        }
        //重写 terminatePartial()方法
        public AvgState terminatePartial() {
            return state.mCount == 0 ? null : state;
        }
        //重写 merge()方法，该方法接收 terminatePartial()方法的返回结果
        public boolean merge(AvgState avgState) {
            if (avgState != null) {
                state.mCount += avgState.mCount;
                state.mSum += avgState.mSum;
            }
            return true;
        }
        //重写 terminate()方法
        public Double terminate() {
            return state.mCount == 0 ? null : Double.valueOf(state.
mSum / state.mCount);
        }
    }
}
```

步骤 2 将项目“Hive_Function”打包为 JAR 文件，并重命名为“hiveUDAF.jar”；然后将 JAR 文件“hiveUDAF.jar”上传至 Worker1 主机的“/usr/local/hive/jar”目录中。

步骤 3 在 Worker2 主机上执行如下语句，将“/usr/local/hive/jar”目录中的 JAR 文件“hiveUDAF.jar”添加到 Hive 中。然后，验证该 JAR 文件是否添加成功。

```
.../> ADD JAR /usr/local/hive/jar/hiveUDAF.jar;
```

步骤 4 在 Worker2 主机上执行如下语句，创建临时函数 MyAvgDouble。

```
…/> CREATE TEMPORARY FUNCTION MyAvgDouble
  > AS 'cn.jqe.hive.hiveUDAF';
```

步骤 5 在 Worker2 主机上执行如下语句，切换至数据库 hive_database；然后使用函数 MyAvgDouble 计算商品表 product 中进价的平均值，结果如图 6-28 所示。

```
…/> USE hive_database;
…/> SELECT MyAvgDouble(cost_price) avg_cost_price
  > FROM product;
```

```
+----------------------+
|    avg_cost_price    |
+----------------------+
| 2.9699999392032623   |
+----------------------+
```

图 6-28　进价的平均值

项目实施——使用 Hive 函数操作电影评分数据

（1）拆分数据库 movies_dwd_database 的电影评分明细表 movies_dwd_table 中组合的电影类型，统计每种电影类型的评分次数并排序。

使用 Hive 函数操作电影评分数据

首先使用 SPLIT()函数按照分隔符“|”将字段 movie_type 值中组合的电影类型拆分为单独的电影类型；然后使用 GROUP BY 语句和 COUNT()函数，计算每种电影类型的评分次数；最后使用 ORDER BY 语句按照评分次数对查询结果进行降序排列，执行的语句如下，结果如图 6-29 所示。

```
…/> USE movies_dwd_database;
…/> SELECT ex_movie_type, COUNT(*) AS count
  > FROM movies_dwd_table
  > LATERAL VIEW EXPLODE(SPLIT(movie_type, '\\|'))
  > lateral_table AS ex_movie_type
  > GROUP BY ex_movie_type
  > ORDER BY count DESC;
```

ex_movie_type	count
Comedy	356555
Drama	354529
Action	257457
Thriller	189680
Sci-Fi	157294
Romance	147523
Adventure	133953
Crime	79541
Horror	76386
Children's	72186
War	68527
Animation	43293
Musical	41533
Mystery	40178
Fantasy	36301
Western	20683
Film-Noir	18261
Documentary	7910
comedy	25

图 6-29　每种电影类型的评分次数

从图 6-29 中可以看出，儿童亲子类型（Children's）的评分次数为 72 186 次，排名第十，表明儿童亲子类电影市场尚未成为主流市场，但具有一定的潜力；喜剧类型（Comedy）的评分次数为 356 555 次，排名第一，表明喜剧是观众最喜爱的电影类型之一。根据此结果，影视公司可以在儿童亲子类电影中融入喜剧元素，吸引更多的观众。

（2）计算数据库 movies_dwd_database 的电影评分明细表 movies_dwd_table 中用户评价儿童亲子类电影的时间和电影上映时间相差的年份。

首先使用 CAST()函数将时间戳的数据类型强制转换为 BIGINT；然后使用 FROM_UNIXTIME()函数将 BIGINT 类型的时间戳转换为“年-月-日 时:分:秒”的显示形式；最后使用 YEAR()函数获取时间戳中的年份，并计算用户评价儿童亲子类电影的时间和电影上映时间相差的年份，执行的语句如下，结果如图 6-30 所示。

```
…/> SELECT movie_name, movie_type,times, release_year,
  > FROM_UNIXTIME(CAST(times AS BIGINT), 'yyyy-MM-dd HH:mm:ss')
  > AS converted_time,
  > YEAR(FROM_UNIXTIME(CAST(times AS BIGINT))) - release_year
  > AS year_diff
  > FROM movies_dwd_table
  > WHERE movie_type LIKE '%Children%';
```

<table>
<tr><th>movie_name</th><th>movie_type</th><th>times</th><th>release_year</th><th>converted_time</th><th>year_diff</th></tr>
<tr><td>Small Soldiers</td><td>Animation|Children's|Fantasy|War</td><td>1001626832</td><td>1998</td><td>2001-09-27 21:40:32</td><td>3.0</td></tr>
<tr><td>Antz</td><td>Animation|Children's</td><td>1001626363</td><td>1998</td><td>2001-09-27 21:32:43</td><td>3.0</td></tr>
<tr><td>Bug's Life, A</td><td>Animation|Children's|Comedy</td><td>1044716158</td><td>1998</td><td>2003-02-08 14:55:58</td><td>5.0</td></tr>
<tr><td>Bug's Life, A</td><td>Animation|Children's|Comedy</td><td>965257093</td><td>1998</td><td>2000-08-02 22:58:13</td><td>2.0</td></tr>
<tr><td>Parent Trap, The</td><td>Children's|Drama</td><td>965379835</td><td>1998</td><td>2000-08-04 09:03:55</td><td>2.0</td></tr>
<tr><td>Mighty Joe Young</td><td>Adventure|Children's|Drama</td><td>965339506</td><td>1998</td><td>2000-08-03 21:51:46</td><td>2.0</td></tr>
<tr><td>Paulie</td><td>Adventure|Children's|Comedy</td><td>965339329</td><td>1998</td><td>2000-08-03 21:48:49</td><td>2.0</td></tr>
<tr><td>Bug's Life, A</td><td>Animation|Children's|Comedy</td><td>965339911</td><td>1998</td><td>2000-08-03 21:58:31</td><td>2.0</td></tr>
<tr><td>Antz</td><td>Animation|Children's</td><td>965251010</td><td>1998</td><td>2000-08-02 21:16:50</td><td>2.0</td></tr>
<tr><td>Mighty Joe Young</td><td>Adventure|Children's|Drama</td><td>965250950</td><td>1998</td><td>2000-08-02 21:15:50</td><td>2.0</td></tr>
<tr><td>Mulan</td><td>Animation|Children's</td><td>965284515</td><td>1998</td><td>2000-08-03 06:35:15</td><td>2.0</td></tr>
<tr><td>Antz</td><td>Animation|Children's</td><td>965284472</td><td>1998</td><td>2000-08-03 06:34:32</td><td>2.0</td></tr>
</table>

图 6-30 用户评价儿童亲子类电影的时间和电影上映时间相差的年份（部分）

从图 6-30 可以看出，用户评价电影的时间和电影上映时间的差值不同，影视公司可以根据该差值分析不同儿童亲子类电影的热度持续时间。

（3）统计数据库 movies_dwd_database 的电影评分明细表 movies_dwd_table 中不同年龄段用户评价儿童亲子类电影的次数。

首先使用 CASE 函数判断用户年龄属于 16～25 岁、26～35 岁、36～55 岁、56～65 岁和 66 岁及以上的哪个阶段；接着使用 COUNT()函数计算每个年龄段用户评价儿童亲子类电影的次数；然后使用 WHERE 语句筛选出电影类型包含“Children”或电影名称包含“Family”的数据；最后使用 GROUP BY 语句对每个年龄段的用户进行分组，执行的语句如下，结果如图 6-31 所示。

```
.../> SELECT
  > CASE
  > WHEN age BETWEEN 16 AND 25 THEN '16~25 岁'
  > WHEN age BETWEEN 26 AND 35 THEN '26~35 岁'
  > WHEN age BETWEEN 36 AND 55 THEN '36~55 岁'
  > WHEN age BETWEEN 56 AND 65 THEN '56~65 岁'
  > ELSE '66 岁及以上'
  > END AS age_group,
  > COUNT(*) AS count
  > FROM movies_dwd_table
  > WHERE movie_type LIKE '%Children%' OR movie_name LIKE '%Family%'
  > GROUP BY
  > CASE
  > WHEN age BETWEEN 16 AND 25 THEN '16~25 岁'
  > WHEN age BETWEEN 26 AND 35 THEN '26~35 岁'
  > WHEN age BETWEEN 36 AND 55 THEN '36~55 岁'
  > WHEN age BETWEEN 56 AND 65 THEN '56~65 岁'
  > ELSE '66 岁及以上'
  > END;
```

```
+------------+--------+
| age_group  | count  |
+------------+--------+
| 16~25岁    | 43598  |
| 26~35岁    | 14311  |
| 36~55岁    | 9540   |
| 56~65岁    | 1922   |
| 66岁及以上  | 4392   |
+------------+--------+
```

图 6-31 不同年龄段用户评价儿童亲子类电影的次数

从图 6-31 中可以看出，随着年龄的增加，用户观看儿童亲子类电影的次数随之减少。根据此特点，影视公司可以制订针对不同年龄段用户的定向营销策略。例如，针对 16～25 岁的年轻用户，可以推出更具吸引力和时尚感的儿童亲子类电影，并通过社交媒体平台进行宣传和推广；鉴于 36 岁及以上年龄的用户观看此类电影的次数较少，公司可以融合成人喜好和家庭价值观，推出更多适合成人观众的儿童亲子类电影。

项目实训

1. 实训目的

（1）熟练使用 Hive 内置函数操作数据。

（2）熟练使用 Hive 自定义函数操作数据。

2. 实训内容

基于网站流量分析数据仓库，实现以下内容。

（1）根据自己的需求，使用 Hive 内置函数操作网络流量数据。

（2）根据自己的需求，使用 Hive 自定义函数操作网络流量数据。

3. 实训小结

按要求完成实训内容，并将实训过程中遇到的问题和解决办法记录在表 6-9 中。

表 6-9 实训过程中遇到的问题和解决办法

序　号	主要问题	解决办法
1		
2		
3		
4		
5		

项目总结

完成本项目的学习与实践后，请总结应掌握的重点内容，并将图 6-32 中的空白处填写完整。

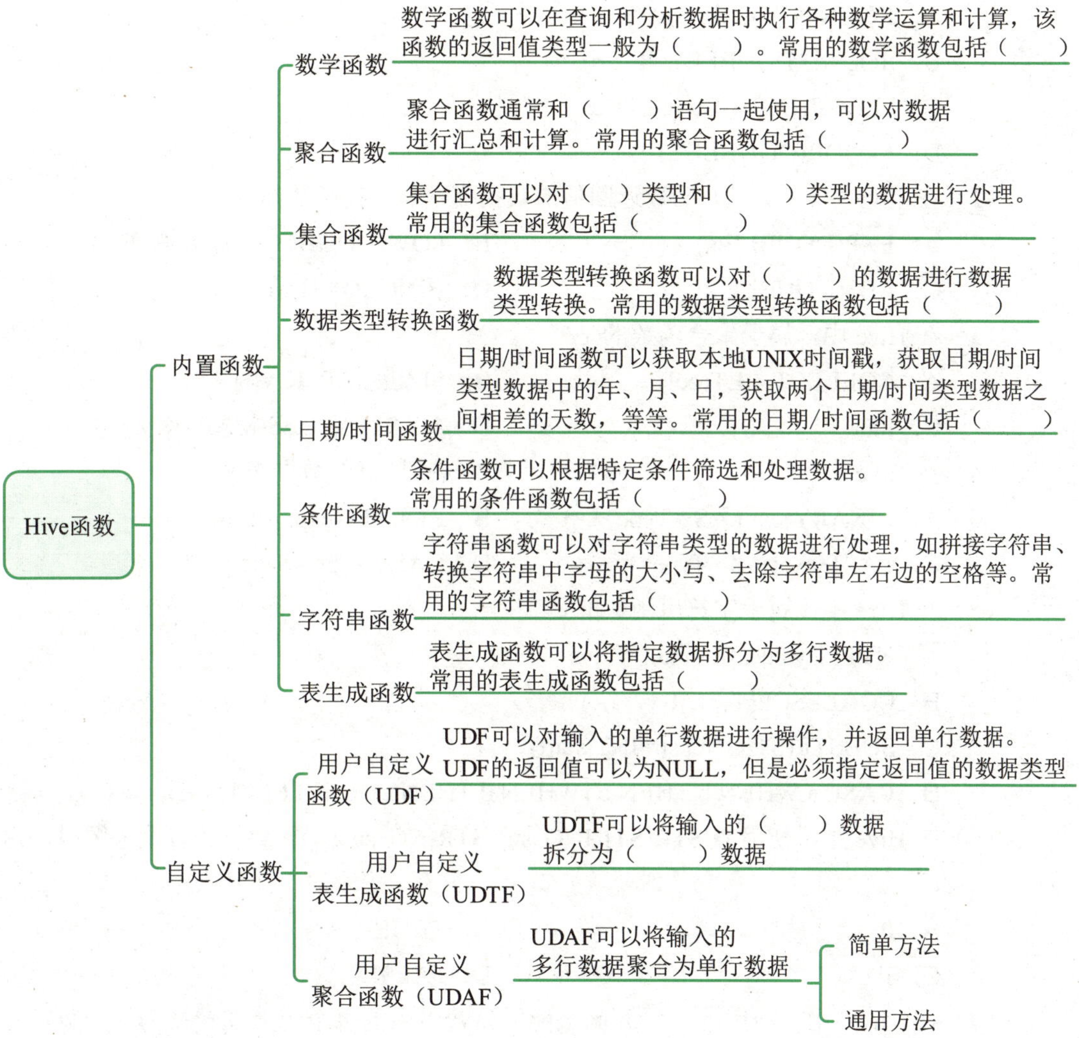

图 6-32　项目总结

项目考核

1. 选择题

（1）在 Hive 中，使用（　　）函数可以返回 a 四舍五入后的值，并保留小数点后 d 位。

A．ROUND(DOUBLE a)

B．ROUND(DOUBLE a, INT d)

C．FLOOR(DOUBLE a, INT d)

D．FLOOR(DOUBLE a)

（2）在 Hive 中，（　　）函数返回值的数据类型与其他函数不同。

A．EXP(DOUBLE a)　　B．POW(DOUBLE a, DOUBLE p)

C．ABS(DOUBLE a)　　D．BIN(BIGINT a)

（3）在 Hive 中，属于聚合函数的是（　　）。

A．COLLECT_SET(col)　　B．SIZE(MAP<K.V>)

C．PI()　　D．MAP_VALUES(MAP<K.V>)

（4）在 Hive 中，使用（　　）函数可以强制转换数据的数据类型。

A．BINARY(expr AS <Type>)　　B．BINARY(expr <Type>)

C．CAST(expr AS <Type>)　　D．CAST(expr <Type>)

（5）在 Hive 中，属于字符串函数的是（　　）。

A．NVL(T value,T default_value)

B．COALESCE(T v1, T v2, …)

C．SUBSTR(STRING str, INT start)

D．CASE a WHEN b THEN c [WHEN d THEN e] … [ELSE f] END

（6）在 Hive 中，使用 INSTR(STRING str, STRING substr)函数查找位置失败时，返回（　　）。

A．0　　B．TRUE

C．1　　D．FALSE

（7）在 Hive 中，使用（　　）函数能够将数组中的每个元素都转换为一行数据，并同时返回数组中元素的索引值。

A．EXPLODE(ARRAY<T> a)

B．POSEXPLODE(ARRAY<T> a)

C．JSON_TUPLE(STRING jsonStr, STRING k1, … , STRING kn)

D．PARSE_URL_TUPLE(STRING urlStr, STRING p1, … , STRING pn)

（8）在 Hive 中，支持一个输入产生一个输出的自定义函数是（　　）。

A．UDAF　　B．UDTF

C．UDF　　D．UDFF

2．判断题

（1）Hive 的内置函数包括数学函数、聚合函数、集合函数、数据类型转换函数、日期/时间函数、条件函数、字符串函数和表生成函数等。（　　）

（2）聚合函数通常和 GROUP BY 语句一起使用，可以对数据进行汇总和计算。（　　）

（3）当表生成函数直接放在 SELECT 后面使用时，允许访问表生成函数没有指定的字段。（　　）

（4）用户自定义表生成函数可以将输入的多行数据聚合为一行数据。（　　）

3．简答题

（1）简述 Hive 的内置函数。

（2）简述 Hive 用户自定义函数的定义和使用一般步骤。

4．操作题

（1）使用 SIZE()函数统计数据库 hive_database 的外部表 external_table 中字段 contact_info 值的键值对的个数。

（2）使用日期/时间函数返回数据库 hive_database 的时间表 date_test 中字段 start_date 值属于一年中的哪个季度和第几周。

（3）使用 CASE 函数操作数据库 hive_database 的外部表 external_table 中字段 class 的值。如果字段 class 值为“1 班”，则将其修改为“2024 级 1 班”；如果字段 class 值为“2 班”，则将其修改为“2024 级 2 班”；否则，将其修改为“2024 级 3 班”。

（4）使用字符串函数操作数据库 hive_database 的外部表 external_table 中字段 name 的值，反转字段 name 值中字符的顺序、将字段 name 值中的子字符串“王”替换为“刘”、返回字段 name 值中子字符串“王”出现的位置。

项目评价

请学生结合本项目的学习情况，对学习成果进行自评和互评（组内成员相互评分），请指导教师进行师评和总评，并将评价结果填入表 6-10 中。

表 6-10　学习成果评价表

<table>
<tr><th rowspan="2">评价项目</th><th rowspan="2">评价内容</th><th colspan="4">评价分数</th></tr>
<tr><th>分值</th><th>自评</th><th>互评</th><th>师评</th></tr>
<tr><td rowspan="5">项目完成度
（20%）</td><td>项目准备阶段，回答问题清晰准确，紧扣主题，没有明显错误</td><td>5 分</td><td></td><td></td><td></td></tr>
<tr><td>项目实施阶段，根据操作步骤完成本项目</td><td>5 分</td><td></td><td></td><td></td></tr>
<tr><td>项目实训阶段，出色地完成实训内容</td><td>5 分</td><td></td><td></td><td></td></tr>
<tr><td>项目总结阶段，将项目总结的空白信息补充完整</td><td>2 分</td><td></td><td></td><td></td></tr>
<tr><td>项目考核阶段，完成考核题目</td><td>3 分</td><td></td><td></td><td></td></tr>
<tr><td rowspan="2">知识
（30%）</td><td>Hive 内置函数</td><td>15 分</td><td></td><td></td><td></td></tr>
<tr><td>Hive 自定义函数</td><td>15 分</td><td></td><td></td><td></td></tr>
<tr><td rowspan="2">技能
（35%）</td><td>使用内置函数操作数据</td><td>20 分</td><td></td><td></td><td></td></tr>
<tr><td>定义并使用自定义函数操作数据</td><td>15 分</td><td></td><td></td><td></td></tr>
<tr><td rowspan="3">素养
（15%）</td><td>具有自主学习意识，做好课前准备</td><td>5 分</td><td></td><td></td><td></td></tr>
<tr><td>善于思考，积极参与，勇于提出问题</td><td>5 分</td><td></td><td></td><td></td></tr>
<tr><td>具有团队合作精神，出色完成小组任务</td><td>5 分</td><td></td><td></td><td></td></tr>
<tr><td colspan="2">合计</td><td>100 分</td><td></td><td></td><td></td></tr>
<tr><td rowspan="2">总评</td><td>综合得分：__________</td><td colspan="4" rowspan="2">指导教师签字：__________</td></tr>
<tr><td>综合等级：__________</td></tr>
</table>

注：综合得分可按照“自评（25%）+互评（25%）+师评（50%）”进行计算；综合等级可以“优”（综合得分≥90 分）、“良”（80 分≤综合得分＜90 分）、“中”（60 分≤综合得分＜80 分）、“差”（综合得分＜60 分）为标准进行评价。

项目7

Hive 性能优化

项目目标

知识目标

- 掌握存储优化的方法。
- 熟悉参数优化的方法。
- 掌握查询优化的方法。

技能目标

- 能够使用存储优化方法优化 Hive 性能。
- 能够使用不同的参数优化方法优化 Hive 性能。
- 能够使用不同的查询优化方法优化 Hive 性能。

素养目标

- 发扬精益求精的工匠精神，养成严谨认真的工作态度。
- 培养优化意识，持续提升个人能力。

项目描述

Hive 性能优化主要是指通过一系列策略或手段，提高 Hive 数据查询的执行效率，减少数据查询的响应时间。Hive 性能优化涉及多个方面，包括存储优化、参数优化和查询优化等，具体方法有选择合适的表存储格式和数据压缩格式、设置数据查询过程中涉及的参数、优化查询语句等。某影视公司计划通过设置不同的参数优化 Hive 性能，提高数据查询速度。

项目分析

优化 Hive 性能包括开启 Map 输出压缩、设置 Reduce 的个数等，从而提高数据的查询速度。

为了能够合理优化 Hive 性能，本项目将先对 Hive 性能优化的相关知识进行介绍，包括存储优化、参数优化和查询优化等。

项目准备

全班学生以 3～5 人为一组进行分组，各组选出组长。组长组织组员扫码观看“Hive 性能优化概述”视频，讨论并回答下列问题。

问题 1：简述 Hive 性能优化的作用。

Hive 性能优化概述

问题 2：简述 Hive 性能优化的使用场景。

7.1 存储优化

在 Hive 中，存储优化是指根据实际需求使用合适的表存储格式和数据压缩格式，从而提高数据查询速度、降低存储成本等。

TextFile 表存储格式的特点是数据加载速度快，但是本身不支持数据压缩；SequenceFile 表存储格式的特点是压缩比低，数据查询速度一般，数据加载速度较快；ORC 表存储格式的特点是压缩比高，数据查询速度快，数据加载速度慢；Parquet 表存储格式的特点是压缩比高，数据查询速度快，数据加载速度慢。在实际应用中，用户可以根据实际需求选择不同的表存储格式，从而平衡压缩比、数据查询速度和数据加载速度。

压缩数据可以减少磁盘的存储空间，降低 I/O 传输的开销。常用的数据压缩格式包括 Bzip2、Zlib、Gzip、LZO 和 Snappy 等，详细介绍如表 7-1 所示。

表 7-1 常用的数据压缩格式

数据压缩格式	压缩比	压缩速度	是否可分割
Bzip2	高	慢	是
Zlib	中	中	否
Gzip	中	中	否
LZO	低	快	是
Snappy	低	快	否

结合使用合适的表存储格式和数据压缩格式，可以进一步优化 Hive 的存储空间和数据查询速度。在实际应用中，通常将 ORC 表存储格式与 Bzip2、Zlib 或 Snappy 数据压缩格式结合使用。针对需要节省存储空间，但不要求执行效率的情况，可以将 ORC 表存储格式与 Bzip2 或 Zlib 数据压缩格式结合使用。针对需要提高执行效率，但不要求节省存储空间的情况，可以将 ORC 表存储格式与 Snappy 数据压缩格式结合使用。

【例 7-1】 在数据库 hive_database 中创建表 student_orc_snappy，并指定表存储格式为 ORC，数据压缩格式为 Snappy，执行的语句如下。

```
…/> USE hive_database;
…/> CREATE TABLE student_orc_snappy(
  > id INT, name STRING, age INT)
  > STORED AS ORC
  > TBLPROPERTIES ('orc.compress'='Snappy');
```

高手点拨

使用 TBLPROPERTIES 语句配置表 student_orc_snappy 的 orc.compress（ORC 的数据压缩格式）属性值为 Snappy。

7.2 参数优化

在 Hive 中，参数优化是指通过配置不同的参数实现不同的功能，从而提高数据查询的执行效率、减少资源消耗、优化任务执行计划。配置参数可以分为临时配置和永久配置。其中，临时配置是指使用 SET 关键字指定参数和参数对应的值，若退出当前会话，该配置会自动消失；永久配置是指在配置文件“hive-site.xml”中指定参数和参数对应的值，该配置只要不删除，将永久生效。

高手点拨

查看当前参数值的语法格式如下。

```
SET parameter_name;
```

其中，parameter_name 表示参数名称。

7.2.1 配置 MapReduce 压缩

执行 MapReduce 任务的过程中，会涉及将中间数据写入磁盘的操作，该操作会增加磁盘的 I/O 传输开销。配置 MapReduce 压缩参数可以在 Map 输出端或 Reduce 输出端开启输出压缩，并选择压缩速度较快的数据压缩格式，从而有效地减少 I/O 传输开销和网络传输开销。常用的 MapReduce 压缩参数如下。

- mapreduce.map.output.compress：指定是否开启 Map 输出压缩。参数的默认值为 False，表示不开启 Map 输出压缩；当参数值为 True 时，表示开启 Map 输出压缩。
- mapreduce.map.output.compress.codec：指定 Map 输出的压缩算法编解码器，即指定使用哪种压缩算法编解码器对 Map 输出进行压缩和解压缩。常用的编解码器包括 org.apache.hadoop.io.compress.DefaultCodec（参数的默认值）、org.apache.hadoop.io.compress.SnappyCodec（推荐使用该编解码器）和 org.apache.hadoop.io.compress.GzipCodec 等。
- mapreduce.output.fileoutputformat.compress：指定是否开启 Reduce 输出压缩。参数的默认值为 False，表示不开启 Reduce 输出压缩；当参数值为 True 时，表示开启 Reduce 输出压缩。

☞ mapreduce.output.fileoutputformat.compress.codec：指定 Reduce 输出的压缩算法编解码器。常用的编解码器与 mapreduce.map.output.compress.codec 参数中介绍的相同。

☞ mapreduce.output.fileoutputformat.compress.type：指定 Reduce 输出文件的数据压缩类型。常用的数据压缩类型包括 Record（参数的默认值）、Block（推荐使用该类型）和 None 等。

【例 7-2】 使用两种参数配置方式开启 Map 输出压缩。

（1）使用临时配置参数的方式开启 Map 输出压缩，执行的语句如下。

```
.../> SET mapreduce.map.output.compress=True;
```

（2）使用永久配置参数的方式开启 Map 输出压缩。打开配置文件“hive-site.xml”，并在</configuration>标签上方添加配置信息，命令和配置信息如下。

```
[hadoop@Worker1 ~]$ gedit /usr/local/hive/conf/hive-site.xml
#配置信息
<property>
    <name>mapreduce.map.output.compress</name>
    <value>True</value>
</property>
```

小提示

为了方便演示后续的例题，实现例 7-2 后，将例 7-2 中永久开启 Map 输出压缩的配置信息删除。

7.2.2 开启本地模式

在实际的生产环境中，Hive 通常部署在 Hadoop 完全分布式集群上。当 Hive 查询的数据量较小时，使用 Hadoop 集群中的 MapReduce 框架执行 Hive 的 MapReduce 任务反而会消耗更多的资源和时间。针对以上情况，可以在本地模式下的单台主机上执行 Hive 的 MapReduce 任务，从而减少跨网络传输、资源调度分配等引起的资源消耗。配置以下相关参数，允许 Hive 自动开启本地模式。

☞ hive.exec.mode.local.auto：指定是否开启本地模式。参数的默认值为 False，表示不开启本地模式；当参数值为 True 时，表示开启本地模式。

☞ hive.exec.mode.local.auto.inputbytes.max：设置本地模式的最大输入数据量。参数的默认值为 134 217 728（单位：Byte），当输入数据量小于此值时，Hive 会选择在本地模式下执行 MapReduce 任务。

- ☞ hive.exec.mode.local.auto.input.files.max：设置本地模式的最大输入文件个数。参数的默认值为 4，当输入文件个数小于此值时，Hive 会选择在本地模式下执行 MapReduce 任务。

7.2.3 开启并行执行

执行复杂的 Hive 查询时，通常会涉及多个任务。默认情况下，每个任务都是顺序执行的，即一个任务完成后才会开始下一个任务。当 Hive 查询的数据量较大时，顺序执行无法充分利用计算资源。所以，当多个任务之间没有前后依赖关系时，可以采用并行执行的方式同时执行这些任务，从而充分利用执行资源、加快查询速度。配置以下相关参数，允许 Hive 开启并行执行。

- ☞ hive.exec.parallel：指定是否开启并行执行。参数的默认值为 False，表示不开启并行执行；当参数值为 True 时，表示开启并行执行。
- ☞ hive.exec.parallel.thread.number：设置同一个 Hive 查询允许的最大并行度，默认值为 8。

7.2.4 开启严格模式

Hive 严格模式用于强制执行严格的数据类型检查和语义查询，在该模式下禁止以下 3 种类型的查询。

（1）不允许查询分区表中的所有数据，即禁止扫描分区表的所有分区。在严格模式下查询分区表中的数据时，必须使用含有分区字段过滤条件的 WHERE 语句限制查询范围。

（2）不允许执行含有 ORDER BY 语句但不含 LIMIT 语句的查询。在严格模式下执行含有 ORDER BY 语句的查询时，必须使用 LIMIT 语句限制返回的数据行数。

（3）不允许执行笛卡尔积连接查询。在严格模式下，不允许执行笛卡尔积连接查询；执行其他连接查询时必须指定连接条件。需要注意的是，执行其他连接查询时若没有指定连接条件或连接条件无效，则将这些查询默认为笛卡尔积连接查询。

Hive 默认开启非严格模式，如果需要禁止上述 3 种类型的查询，则需要开启严格模式。配置以下相关参数，允许 Hive 开启严格模式。

- ☞ hive.mapred.mode：指定 Hive 操作的模式。参数的默认值为 nonstrict，表示开启非严格模式；当参数值为 strict 时，表示开启严格模式。

7.2.5 合理设置 Map 个数

默认情况下，MapReduce 框架会根据数据文件的个数、数据文件的大小和 HDFS 数据块的大小（BlockSize）自动确定合适的 Map 个数。当数据文件的大小大于 BlockSize 时，MapReduce 框架会将其划分为多个输入分片（每个输入分片大小不超过 BlockSize），并分别为每个输入分片启动一个 Map 进行并行处理。当数据文件的大小小于 BlockSize 时，MapReduce 框架会将其作为一个整体（一个输入分片），并启动一个 Map 处理该分片。

当数据文件较大、Map 执行速度较慢或集群还有大量系统资源没有被利用时，可以增加 Map 的个数实现并行处理，从而提高执行效率。当存在多个数据量较小的文件或系统资源有限时，可以减少 Map 的个数，从而合理利用系统资源。因此，在实际应用中要合理设置 Map 的个数。

配置以下相关参数，可以增加或减少 Map 的个数。

- ☞ mapred.max.split.size：指定输入分片的最大值，默认值为 256 000 000（单位：Byte）。将该参数的值设置成小于 BlockSize，即可增加 Map 的个数。
- ☞ mapred.min.split.size：指定输入分片的最小值，默认值为 1。将该参数的值设置成大于 BlockSize，即可减少 Map 的个数。

【例 7-3】 临时减少 Map 的个数。

（1）执行如下命令，查看 HDFS 数据块的大小，结果如图 7-1 所示。

```
[hadoop@Worker2 ~]$ hdfs getconf -confKey dfs.blocksize
```

```
[hadoop@Worker2 ~]$ hdfs getconf -confKey dfs.blocksize
134217728
```

图 7-1 HDFS 数据块的大小

（2）临时设置参数 mapred.min.split.size 的值，减少 Map 的个数。

```
.../> SET mapred.min.split.size=200000000;
```

7.2.6 合理设置 Reduce 个数

Reduce 的个数影响着 MapReduce 任务的执行效率。如果 Reduce 个数过多，那么 MapReduce 任务的执行结果会产生多个数据量较小的文件，导致 NameNode 的内存占用增大；如果 Reduce 个数过少，那么单个 Reduce 处理的数据将会增大，导致 MapReduce 任务的执行效率降低。因此，在实际应用中要合理设置 Reduce 的个数。

配置以下相关参数，直接指定或间接影响 Reduce 的个数。

- ☞ mapreduce.job.reduces：直接指定 Reduce 的个数。
- ☞ hive.exec.reducers.bytes.per.reducer：指定每个 Reduce 处理的数据量，间接影响 Reduce 的个数，默认值为 256 000 000（单位：Byte）。增大该参数的值，可以减小 Reduce 的个数；减小该参数的值，可以增大 Reduce 的个数。

7.2.7 合并小文件

小文件过多不仅会导致 NameNode 的内存占用增大，还会因为系统为每个小文件启动一个 Map 造成不必要的系统资源浪费。针对以上情况，可以合并这些小文件，从而减少内存占用并合理利用系统资源。通常情况下，可以在 Map 执行前合并小文件，或者在 MapReduce 任务结束时合并小文件。

（1）配置以下相关参数，在 Map 执行前合并小文件。

- hive.input.format：指定是否在 Map 执行前开启小文件合并。参数的默认值为 org.apache.hadoop.hive.ql.io.CombineHiveInputFormat，表示允许在 Map 执行前合并小文件；当参数值为 org.apache.hadoop.hive.ql.io.HiveInputFormat 时，表示不允许在 Map 执行前合并小文件。

（2）配置以下相关参数，在 MapReduce 任务结束时合并小文件。

- hive.merge.mapfiles：指定在只有 Map 的任务（map-only）结束时合并小文件。参数的默认值为 True，表示合并 Map 任务产生的小文件；当参数值为 False 时，表示不合并 Map 任务产生的小文件。
- hive.merge.mapredfiles：指定在 MapReduce 任务结束时合并小文件。参数的默认值为 False，表示不合并 MapReduce 任务产生的小文件；当参数值为 True 时，表示合并 MapReduce 任务产生的小文件。
- hive.merge.smallfiles.per.avgsize：指定输出文件的平均大小，默认值为 16 000 000（单位：Byte），当输出文件的平均大小小于该参数的值时，将会启动一个 MapReduce 任务执行文件合并。
- hive.merge.size.per.task：指定一个合并文件的大小（将多个小文件合并为一个大文件时，该大文件的大小），默认值为 256 000 000（单位：Byte）。

在 Hive 中，可以配置 hive.merge.mapfiles 和 hive.merge.mapredfiles 参数直接开启合并小文件功能；也可以配置 hive.merge.smallfiles.per.avgsize 参数间接开启合并小文件功能。

7.2.8 开启数据倾斜处理功能

GROUP BY 语句会将 Map 阶段 Key 值相同的数据发送到一个 Reduce 中处理，当某个 Key 中的数据过多时，便会出现数据倾斜的情况。针对以上情况，可以开启数据倾斜处理功能将部分聚合操作从 Reduce 端转移到 Map 端进行，以减少 Reduce 端的数据量。通过配置以下相关参数，允许 Hive 开启数据倾斜处理功能。

☞ hive.groupby.skewindata：指定是否开启数据倾斜处理功能。参数的默认值为 False，表示不开启数据倾斜处理功能；当参数值为 True 时，表示开启数据倾斜处理功能。

高手点拨

数据倾斜是指数据分布不均衡的情况，即某些键或分区中的数据量远远超过其他键或分区。

7.3 查询优化

在 Hive 中，查询优化是指对查询语句进行各种更改和调整，从而提高 Hive 的执行效率。查询优化包括字段裁剪、分区裁剪、JOIN 优化和 COUNT 优化等。

7.3.1 字段裁剪和分区裁剪

字段裁剪和分区裁剪分别是指在进行 SELECT 查询时，只选择需要的字段和分区，而不是所有的字段和分区。字段裁剪和分区裁剪可以减少 I/O 传输开销和网络传输开销，从而提高查询效率。

【例 7-4】 对数据库 hive_database 中的分区表 nostrict_table（该表中的数据见图 7-2）进行字段裁剪和分区裁剪，执行的语句如下，结果如图 7-3 所示。

```
.../> USE hive_database;
.../> SELECT student_name FROM nostrict_table
  > WHERE college='Computer';
```

nostrict_table.student_id	nostrict_table.student_name	nostrict_table.college
2023920103	李四	Art
2023910186	赵四	Computer
2023930116	王二	Computer
2023930216	张五	English
2023910660	张三	English

图 7-2 分区表 nostrict_table 中的数据

student_name
赵四
王二

图 7-3 college=Computer 分区中 student_name 字段的数据

7.3.2 JOIN 优化

在 Hive 中，可以从以下方面优化 JOIN 语句。

（1）尽量避免使用笛卡尔积连接。在 Hive 中，默认使用一个 Reduce 处理笛卡尔积连接，所以当处理的数据量较大时，Reduce 处理笛卡尔积连接的时间会较长。

（2）过滤 NULL 值。添加过滤条件过滤 NULL 值，避免 NULL 值参与连接操作，从而减少 JOIN 语句的执行时间。在 Hive 中，内连接会自动过滤 NULL 值。

【例 7-5】 使用左外连接查询数据库 hive_database 的商品表 product 和供应商表 supplier 中的数据。

（1）切换至数据库 hive_database。

（2）执行如下语句，向商品表 product 中插入一条数据。

```
.../> INSERT INTO TABLE product VALUES
  > ('B4','S3',NULL,2.00,3.09,'vegetable');
```

（3）执行如下语句，查询商品表 product 中的所有数据，结果如图 7-4 所示。

```
.../> SELECT * FROM product;
```

product.product_id	product.supplier_id	product.name	product.cost_price	product.selling_price	product.category
A1	S2	苹果	5.49	6.99	__HIVE_DEFAULT_PARTITION__
A1	S1	苹果	4.99	6.99	fruit
A3	S2	橙子	4.49	6.99	fruit
A2	S1	香蕉	2.99	3.49	fruit
C2	S3	草莓味 奶酪棒	2.99	4.99	snack
C1	S1	番茄味 薯片	3.49	4.99	snack
B1	S3	土豆	1.49	2.49	vegetable
B2	S4	油麦菜	0.79	1.29	vegetable
B3	S1	胡萝卜	0.99	1.49	vegetable
B4	S2	花菜	1.99	2.99	vegetable
B4	S3	NULL	2.0	3.09	vegetable

图 7-4 商品表 product 中的所有数据

（4）执行如下语句，使用左外连接查询商品表 product 和供应商表 supplier 中的数据，结果如图 7-5 所示。

```
.../> SELECT p.product_id, p.supplier_id, s.supplier_id,
  > p.name, s.phone, s.address
  > FROM product p
  > LEFT JOIN supplier s ON p.supplier_id = s.supplier_id;
```

p.product_id	p.supplier_id	s.supplier_id	p.name	s.phone	s.address
A1	S2	NULL	苹果	NULL	NULL
A1	S1	S1	苹果	150****6688	湖北 武汉
A3	S2	NULL	橙子	NULL	NULL
A2	S1	S1	香蕉	150****6688	湖北 武汉
C2	S3	S3	草莓味 奶酪棒	187****8866	河北 廊坊
C1	S1	S1	番茄味 薯片	150****6688	湖北 武汉
B4	S3	S3	NULL	187****8866	河北 廊坊
B1	S3	S3	土豆	187****8866	河北 廊坊
B2	S4	S4	油麦菜	186****6666	北京 海淀
B3	S1	S1	胡萝卜	150****6688	湖北 武汉
B4	S2	NULL	花菜	NULL	NULL

11 rows selected (21.143 seconds)

图 7-5 左外连接查询的结果

（5）执行如下语句，使用左外连接查询商品表 product 和供应商表 supplier 中的数据，并过滤 NULL 值，结果如图 7-6 所示。

```
…/> SELECT p.product_id, p.supplier_id, s.supplier_id,
  > p.name, s.phone, s.address
  > FROM(SELECT * FROM product WHERE name IS NOT NULL) p
  > LEFT JOIN supplier s ON p.supplier_id = s.supplier_id;
```

p.product_id	p.supplier_id	s.supplier_id	p.name	s.phone	s.address
A1	S2	NULL	苹果	NULL	NULL
A1	S1	S1	苹果	150****6688	湖北 武汉
A3	S2	NULL	橙子	NULL	NULL
A2	S1	S1	香蕉	150****6688	湖北 武汉
C2	S3	S3	草莓味 奶酪棒	187****8866	河北 廊坊
C1	S1	S1	番茄味 薯片	150****6688	湖北 武汉
B1	S3	S3	土豆	187****8866	河北 廊坊
B2	S4	S4	油麦菜	186****6666	北京 海淀
B3	S1	S1	胡萝卜	150****6688	湖北 武汉
B4	S2	NULL	花菜	NULL	NULL

10 rows selected (17.687 seconds)

图 7-6　左外连接查询并过滤 NULL 值的结果

智慧解析

对比图 7-6 和图 7-5 可以看出，过滤掉商品表 product 中的 NULL 值后，连接查询的执行时间 21.143 秒缩短为 17.687 秒。

7.3.3　COUNT 优化

在 Hive 中，默认使用一个 Reduce 处理 COUNT(DISTINCT expr)操作，所以当处理的数据量非常大时，Reduce 处理 COUNT(DISTINCT expr)操作的时间会增加。针对以上情况，通常先使用含有 GROUP BY 语句的子查询对数据进行分组操作，Hive 会启动多个 Reduce 处理该子查询；然后在每个 Reduce 中使用 COUNT()函数计算每个分组中的数量。

例如，按照以下形式对语句进行优化。

```
--优化前的语句
SELECT COUNT(DISTINCT name) FROM product;
--优化后语句
SELECT COUNT(name) FROM (
SELECT name
```

```
FROM product
GROUP BY name
) subquery;
```

项目实施——优化 Hive 性能

优化 Hive 性能

某影视公司决定从参数优化角度优化 Hive 性能，从而提高数据的查询速度。

（1）执行如下语句，统计数据库 movies_dwd_database 的电影评分明细表 movies_dwd_table 中不同年龄段用户评价儿童亲子类电影的次数，默认参数下的日志信息和统计结果分别如图 7-7 和图 7-8 所示。

```
…/> USE movies_dwd_database;
…/> SELECT
  > CASE
  > WHEN age BETWEEN 16 AND 25 THEN '16~25 岁'
  > WHEN age BETWEEN 26 AND 35 THEN '26~35 岁'
  > WHEN age BETWEEN 36 AND 55 THEN '36~55 岁'
  > WHEN age BETWEEN 56 AND 65 THEN '56~65 岁'
  > ELSE '66 岁及以上'
  > END AS age_group,
  > COUNT(*) AS count
  > FROM movies_dwd_table
  > WHERE movie_type LIKE '%Children%' OR movie_name LIKE '%Family%'
  > GROUP BY
  > CASE
  > WHEN age BETWEEN 16 AND 25 THEN '16~25 岁'
  > WHEN age BETWEEN 26 AND 35 THEN '26~35 岁'
  > WHEN age BETWEEN 36 AND 55 THEN '36~55 岁'
  > WHEN age BETWEEN 56 AND 65 THEN '56~65 岁'
  > ELSE '66 岁及以上'
  > END;
```

```
Number of reduce tasks not specified. Estimated from input data size: 1
In order to change the average load for a reducer (in bytes):
  set hive.exec.reducers.bytes.per.reducer=<number>
In order to limit the maximum number of reducers:
  set hive.exec.reducers.max=<number>
In order to set a constant number of reducers:
  set mapreduce.job.reduces=<number>
Starting Job = job_1705479878662_0037, Tracking URL = http://Master:8088/proxy/application_1705479878662_0037/
Kill Command = /usr/local/hadoop/bin/mapred job  -kill job_1705479878662_0037
Hadoop job information for Stage-1: number of mappers: 1; number of reducers: 1
```

图 7-7 默认参数下的日志信息

```
+------------+--------+
| age_group  | count  |
+------------+--------+
| 16~25岁     | 43598  |
| 26~35岁     | 14311  |
| 36~55岁     | 9540   |
| 56~65岁     | 1922   |
| 66岁及以上    | 4392   |
+------------+--------+
5 rows selected (27.373 seconds)
```

图 7-8 默认参数下的统计结果

从图 7-7 中可以看出，Hive 自动分配 1 个 Map 和 1 个 Reduce 处理该查询任务；从图 7-8 中可以看出该查询任务的执行时间为 27.373 秒。

（2）执行如下语句，临时开启 Map 输出压缩。

```
.../> SET mapreduce.map.output.compress=True;
```

（3）执行相同的语句，再次统计数据库 movies_dwd_database 的电影评分明细表 movies_dwd_table 中不同年龄段用户评价儿童亲子类电影的次数，结果如图 7-9 所示。

```
+------------+--------+
| age_group  | count  |
+------------+--------+
| 16~25岁     | 43598  |
| 26~35岁     | 14311  |
| 36~55岁     | 9540   |
| 56~65岁     | 1922   |
| 66岁及以上    | 4392   |
+------------+--------+
5 rows selected (22.877 seconds)
```

图 7-9 开启 Map 输出压缩后的统计结果

对比图 7-9 和图 7-8 可以看出，开启 Map 输出压缩可以将查询的执行时间 27.373 秒缩短为 22.877 秒。

（4）执行如下语句，临时设置 Reduce 的个数为 2。

```
.../> SET mapreduce.job.reduces=2;
```

（5）执行相同的语句，再次统计数据库 movies_dwd_database 的电影评分明细表 movies_dwd_table 中不同年龄段用户评价儿童亲子类电影的次数，设置 Reduce 个数后的日志信息和统计结果分别如图 7-10 和 7-11 所示。

```
Number of reduce tasks not specified. Defaulting to jobconf value of: 2
In order to change the average load for a reducer (in bytes):
  set hive.exec.reducers.bytes.per.reducer=<number>
In order to limit the maximum number of reducers:
  set hive.exec.reducers.max=<number>
In order to set a constant number of reducers:
  set mapreduce.job.reduces=<number>
Starting Job = job_1705479878662_0039, Tracking URL = http://Master:8088/proxy/application_1705479878662_0039/
Kill Command = /usr/local/hadoop/bin/mapred job  -kill job_1705479878662_0039
Hadoop job information for Stage-1: number of mappers: 1; number of reducers: 2
```

图 7-10　设置 Reduce 个数后的日志信息

```
+-------------+---------+
| age_group   | count   |
+-------------+---------+
| 16~25岁      | 43598   |
| 26~35岁      | 14311   |
| 56~65岁      | 1922    |
| 66岁及以上     | 4392    |
| 36~55岁      | 9540    |
+-------------+---------+
5 rows selected (21.874 seconds)
```

图 7-11　设置 Reduce 个数后的统计结果

对比图 7-10 和图 7-7 可以看出，Reduce 的个数由 1 变为 2；对比图 7-11 和图 7-9 可以看出，设置 Reduce 的个数为 2 可以将查询的执行时间 22.877 秒缩短为 21.874 秒。

小 提 示

Hive 性能优化是一个综合性的工作，在数据仓库设计、数据定义、数据操作和数据查询阶段都要考虑优化 Hive 性能。在测试 Hive 性能的优化效果时，需要注意的是，系统资源的占用情况、查询结果的缓存情况等均会对查询的执行时间产生影响，即使是执行相同的语句，查询的执行时间也会存在差异，因此大家在测试 Hive 性能时要进行多次验证。

项目实训

1. 实训目的

（1）熟练使用参数优化的方法优化查询性能。
（2）熟练使用查询优化的方法优化查询性能。

2. 实训内容

基于网站流量分析数据仓库，实现以下内容。
（1）使用不同的参数优化方法优化 Hive 性能。
（2）使用不同的查询优化方法优化 Hive 性能。

3. 实训小结

按要求完成实训内容，并将实训过程中遇到的问题和解决办法记录在表 7-2 中。

表 7-2　实训过程中遇到的问题和解决办法

序　号	主要问题	解决办法
1		
2		
3		
4		
5		

项目总结

完成本项目的学习与实践后，请总结应掌握的重点内容，并将图 7-12 中的空白处填写完整。

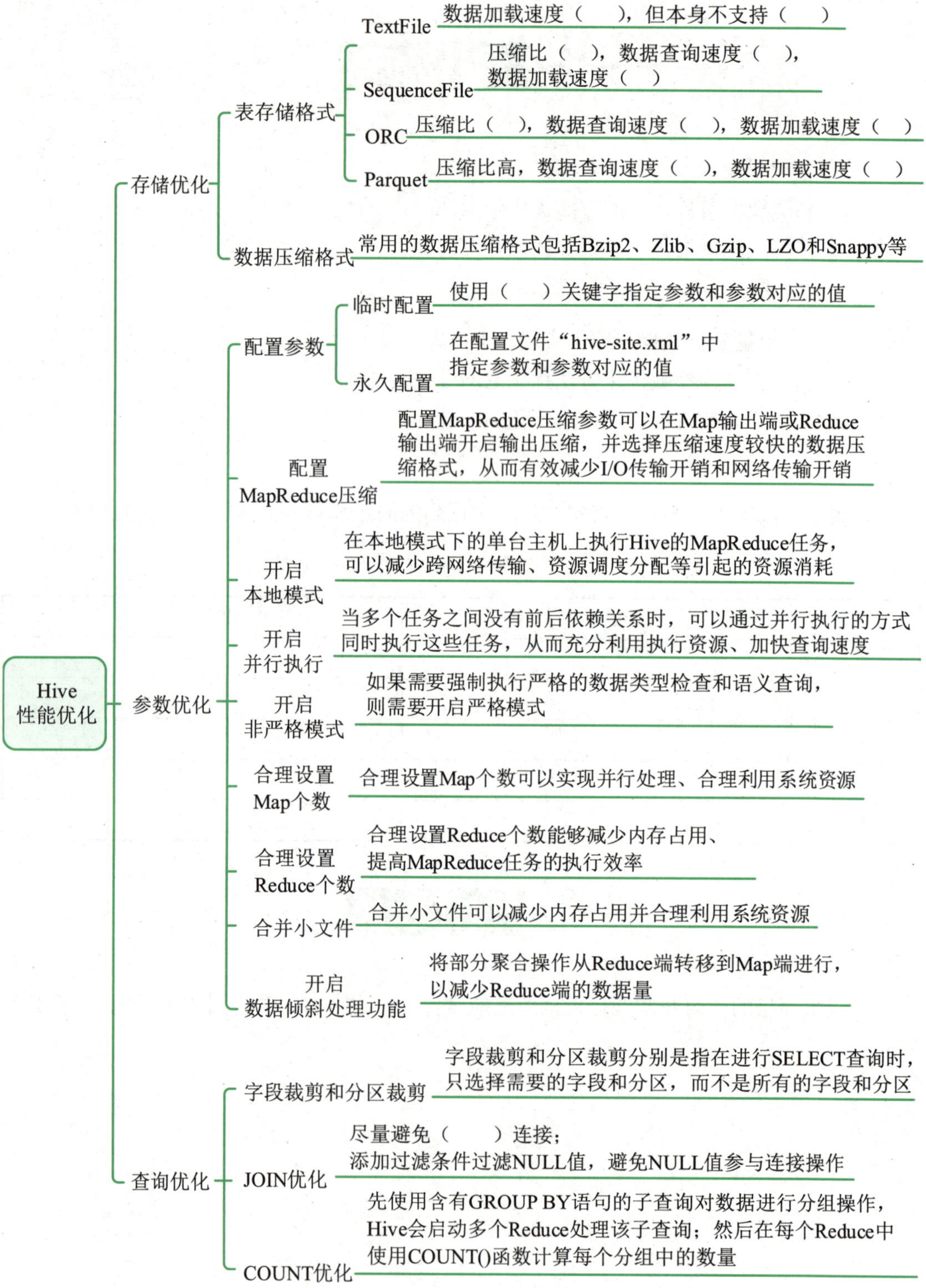
Hive 性能优化
存储优化
表存储格式
TextFile
数据加载速度（ ），但本身不支持（ ）
SequenceFile
压缩比（ ），数据查询速度（ ），
数据加载速度（ ）
ORC
压缩比（ ），数据查询速度（ ），数据加载速度（ ）
Parquet
压缩比高，数据查询速度（ ），数据加载速度（ ）
数据压缩格式
常用的数据压缩格式包括Bzip2、Zlib、Gzip、LZO和Snappy等
参数优化
配置参数
临时配置
使用（ ）关键字指定参数和参数对应的值
永久配置
在配置文件“hive-site.xml”中
指定参数和参数对应的值
配置
MapReduce压缩
配置MapReduce压缩参数可以在Map输出端或Reduce
输出端开启输出压缩，并选择压缩速度较快的数据压
缩格式，从而有效减少I/O传输开销和网络传输开销
开启
本地模式
在本地模式下的单台主机上执行Hive的MapReduce任务，
可以减少跨网络传输、资源调度分配等引起的资源消耗
开启
并行执行
当多个任务之间没有前后依赖关系时，可以通过并行执行的方式
同时执行这些任务，从而充分利用执行资源、加快查询速度
开启
非严格模式
如果需要强制执行严格的数据类型检查和语义查询，
则需要开启严格模式
合理设置
Map个数
合理设置Map个数可以实现并行处理、合理利用系统资源
合理设置
Reduce个数
合理设置Reduce个数能够减少内存占用、
提高MapReduce任务的执行效率
合并小文件
合并小文件可以减少内存占用并合理利用系统资源
开启
数据倾斜处理功能
将部分聚合操作从Reduce端转移到Map端进行，
以减少Reduce端的数据量
查询优化
字段裁剪和分区裁剪
字段裁剪和分区裁剪分别是指在进行SELECT查询时，
只选择需要的字段和分区，而不是所有的字段和分区
JOIN优化
尽量避免（ ）连接；
添加过滤条件过滤NULL值，避免NULL值参与连接操作
COUNT优化
先使用含有GROUP BY语句的子查询对数据进行分组操作，
Hive会启动多个Reduce处理该子查询；然后在每个Reduce中
使用COUNT()函数计算每个分组中的数量

图 7-12 项目总结

项目考核

1. 选择题

（1）在 Hive 中，本身不支持压缩的表存储格式是（　　）。

A. TextFile　　B. ORC

C. Parquet　　D. SequenceFile

（2）在 Hive 中，使用（　　）关键字可以临时配置参数。

A. CREATE　　B. SET

C. UPDATE　　D. INSERT

（3）在 Hive 中，将参数（　　）的值设置为 True，可以开启本地模式。

A. mapreduce.map.output.compress

B. hive.exec.parallel

C. hive.exec.mode.local.auto

D. hive.exec.mode.local.auto.input.files.max

（4）在 Hive 中，将参数 hive.exec.parallel 的值设置为 True，可以开启（　　）。

A. Map 输出压缩　　B. 并行执行

C. 严格模式　　D. 本地模式

（5）在 Hive 中，严格模式下允许（　　）。

A. 查询分区表中所有分区的数据

B. 执行含有 ORDER BY 语句但不含 LIMIT 语句的查询

C. 进行笛卡尔积连接查询

D. 查询桶表中的所有数据

（6）在 Hive 中，配置参数（　　）可以在 Map 执行前开启小文件合并。

A. hive.input.format　　B. hive.merge.mapfiles

C. hive.merge.mapredfiles　　D. mapreduce.job.reduces

（7）在 Hive 中，GROUP BY 语句会将 Map 阶段 Key 值相同的数据发送到（　　）个 Reduce 中处理。

A. 1　　B. 2

C. 0　　D. 不确定

（8）在 Hive 中，应该尽量避免进行（　　）。

A. 内连接　　B. 右外连接

C. 外连接　　D. 笛卡尔积连接

2. 判断题

（1）在实际应用中，通常将 ORC 表存储格式与 Zlib、Bzip2 或 Snappy 数据压缩格式结合使用。（ ）

（2）即使多个任务之间含有前后依赖关系，也可以通过并行执行的方式同时执行这些任务。（ ）

（3）当参数 hive.mapred.mode 的值为 nonstrict 时，表示开启严格模式。（ ）

（4）当参数 hive.groupby.skewindata 的值为 True 时，表示开启数据倾斜处理功能。（ ）

（5）分区裁剪是指在进行 SELECT 查询时，只选择需要的分区，而不是所有分区。（ ）

3. 简答题

（1）简述存储优化的作用。

（2）简述合并小文件的目的和作用。

（3）简述 JOIN 优化的方法。

4. 操作题

（1）在数据库 hive_database 中创建表 orc_exercise，该表中包含字段 id（INT 类型）、name（STRING 类型）；表存储格式为 ORC；数据压缩格式为 Zlib。

（2）查看当前参数 hive.input.format 的值。

（3）临时允许 Map 执行前合并小文件。

（4）当 BlockSize 为 128 MB 时，临时设置参数 mapred.max.split.size 的值，增加 Map 的个数。

项目评价

请学生结合本项目的学习情况，对学习成果进行自评和互评（组内成员相互评分），请指导教师进行师评和总评，并将评价结果填入表 7-3 中。

表 7-3 学习成果评价表

评价项目	评价内容	评价分数			
		分值	自评	互评	师评
项目完成度（20%）	项目准备阶段，回答问题清晰准确，紧扣主题，没有明显错误	5 分			
	项目实施阶段，根据操作步骤完成本项目	5 分			
	项目实训阶段，出色地完成实训内容	5 分			
	项目总结阶段，将项目总结的空白信息补充完整	2 分			
	项目考核阶段，完成考核题目	3 分			
知识（30%）	存储优化的方法	10 分			
	参数优化的方法	10 分			
	查询优化的方法	10 分			
技能（35%）	使用存储优化方法优化 Hive 性能	10 分			
	使用不同的参数优化方法优化 Hive 性能	15 分			
	使用不同的查询优化方法优化 Hive 性能	10 分			
素养（15%）	具有自主学习意识，做好课前准备	5 分			
	善于思考，积极参与，勇于提出问题	5 分			
	具有团队合作精神，出色完成小组任务	5 分			
合计		100 分			
总评	综合得分：＿＿＿＿＿＿	指导教师签字：＿＿＿＿＿＿			
	综合等级：＿＿＿＿＿＿				

注：综合得分可按照“自评（25%）+互评（25%）+师评（50%）”进行计算；综合等级可以“优”（综合得分≥90 分）、“良”（80 分≤综合得分＜90 分）、“中”（60 分≤综合得分＜80 分）、“差”（综合得分＜60 分）为标准进行评价。

项目 8 分析二手房数据

项目目标

知识目标

- 熟悉数据仓库分层设计的方法。
- 掌握 Hive 数据定义的相关知识。
- 掌握 Hive 数据导入与导出的相关知识。
- 掌握 Hive 数据查询的相关知识。
- 掌握 Hive 函数的相关知识。
- 掌握 Hive 性能优化的相关知识。

技能目标

- 能够使用数据仓库与 Hive 的相关知识独立构建二手房数据仓库，并查询和分析二手房数据。
- 能够举一反三，参照二手房数据的分析过程分析其他数据。

素养目标

- 懂得团结合作能让工作事半功倍的道理。

8.1 设计二手房数据仓库

二手房数据文件“house.txt”中包含区、地铁站、户型、面积（单位：平方米）、楼层、房屋总价（单位：万元）、房屋单价（单位：元/平方米）和是否近地铁等信息，如图 8-1 所示。

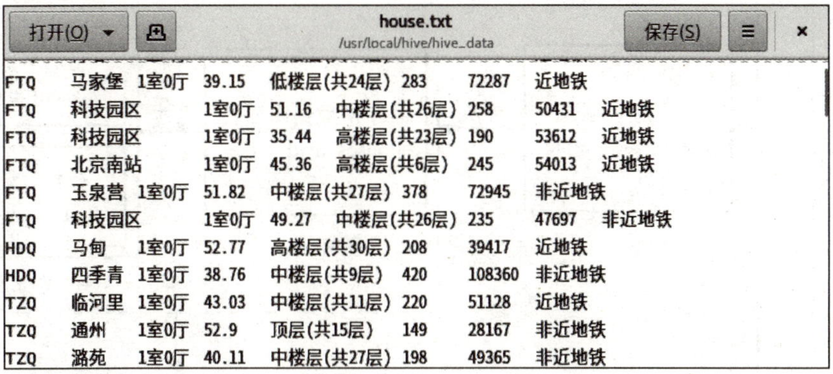
打开(O) house.txt /usr/local/hive/hive_data 保存(S)

FTQ	马家堡	1室0厅	39.15	低楼层(共24层)	283	72287	近地铁
FTQ	科技园区	1室0厅	51.16	中楼层(共26层)	258	50431	近地铁
FTQ	科技园区	1室0厅	35.44	高楼层(共23层)	190	53612	近地铁
FTQ	北京南站	1室0厅	45.36	高楼层(共6层)	245	54013	近地铁
FTQ	玉泉营	1室0厅	51.82	中楼层(共27层)	378	72945	非近地铁
FTQ	科技园区	1室0厅	49.27	中楼层(共26层)	235	47697	非近地铁
HDQ	马甸	1室0厅	52.77	高楼层(共30层)	208	39417	近地铁
HDQ	四季青	1室0厅	38.76	中楼层(共9层)	420	108360	非近地铁
TZQ	临河里	1室0厅	43.03	中楼层(共11层)	220	51128	近地铁
TZQ	通州	1室0厅	52.9	顶层(共15层)	149	28167	非近地铁
TZQ	潞苑	1室0厅	40.11	中楼层(共27层)	198	49365	非近地铁

图 8-1 二手房数据文件“house.txt”的部分内容

8.1.1 需求分析

为了从不同角度分析北京市二手房的市场行情，二手房信息网站需要构建一个二手房数据仓库。使用该数据仓库，二手房信息网站可以结合不同的用户需求查询和统计以下二手房数据，并对查询和统计的结果进行分析，从而为用户提供二手房的信息，并帮助用户挑选合适的房源。

（1）统计北京市内各区二手房的平均房价和在售数量。

（2）查询北京市某区内二手房平均房价排名前 3 的房屋户型。

（3）查询北京市某区内二手房在售数量排名前 3 的房屋户型。

（4）统计北京市某区内不同面积二手房的平均房价。

（5）统计北京市某区内不同面积二手房的在售数量。

（6）查询北京市某区内二手房平均房价最高的房屋楼层。

（7）查询北京市某区内二手房在售数量最多的房屋楼层。

（8）查询北京市某区内近地铁和非近地铁二手房的平均房价。

（9）查询北京市某区内近地铁和非近地铁二手房的在售数量。

8.1.2 数据仓库分层设计

结合需求分析结果和数据仓库分层架构将数据仓库分为源数据层、数据仓库层和应用层，详细设计如图 8-2 所示。

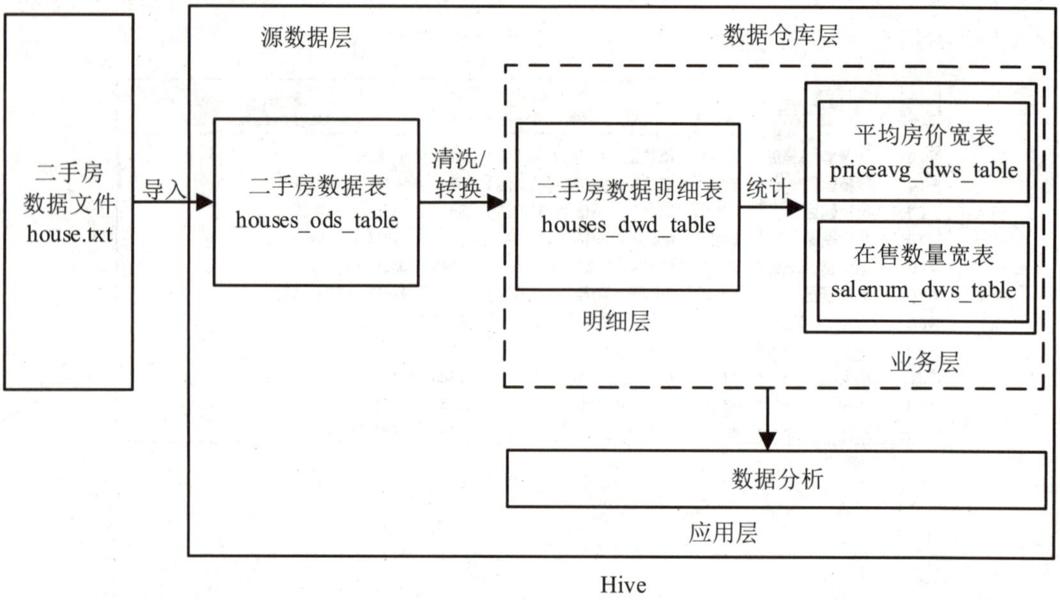

图 8-2 数据仓库分层的详细设计

下面设计数据仓库的存储结构，设计过程中注意选择合适的表存储格式和数据压缩格式，有意识地优化 Hive 性能。

为了防止原始数据丢失无法找回，将源数据层的表创建为外部表，存储在 HDFS 的“/user/hive_data/house.db/house_ods”目录中；为了方便将本地文件系统中的数据导入源数据层的表中，将该表的存储格式设置为 TextFile。源数据层的二手房数据表 houses_ods_table 存储在数据库 houses_ods_database 中，该表的结构如表 8-1 所示。

表 8-1 二手房数据表 houses_ods_table 的结构

字段名称	字段类型	描 述
region	STRING	区。其中，CPQ 代表昌平区；CYQ 代表朝阳区；DXQ 代表大兴区；DCQ 代表东城区；FSQ 代表房山区；FTQ 代表丰台区；HDQ 代表海淀区；MTGQ 代表门头沟区；SJSQ 代表石景山区；SYQ 代表顺义区；TZQ 代表通州区；XCQ 代表西城区；MYQ 代表密云区
subway_station	STRING	地铁站，表示离房屋最近的地铁站
type	STRING	户型
area	DOUBLE	面积，单位为平方米

表 8-1（续）

字段名称	字段类型	描　述
floor_level	STRING	楼层，包括底层、低楼层、中楼层、高楼层、顶层和地下室
total_price	INT	房屋总价，单位为万元
unit_price	INT	房屋单价，表示每平方米的价钱，单位为元/平方米
distance	STRING	是否近地铁，包括近地铁和非近地铁

数据仓库层通常涉及较多的数据查询任务，为了方便用户查询数据和提高数据查询速度，将数据仓库层中明细层和业务层的表创建为内部表，并将表存储格式设置为 ORC，数据压缩格式设置为 Snappy。

明细层的二手房数据明细表 houses_dwd_table 存储在数据库 houses_dwd_database 中，该表的结构如表 8-2 所示。为了更合理且更快地存储和查询数据，以 region 为分区字段，对数据进行分区存储。

表 8-2　二手房数据明细表 houses_dwd_table 的结构

字段名称	字段类型	描　述	字段名称	字段类型	描　述
region	STRING	区，分区字段	total_floor	INT	总楼层
subway_station	STRING	地铁站	total_price	INT	房屋总价
type	STRING	户型	unit_price	INT	房屋单价
area	DOUBLE	面积	distance	STRING	是否近地铁
floor_level	STRING	楼层	—	—	—

根据需求分析中查询和统计的二手房数据，可以确定两个用于分析二手房市场行情的指标，分别为平均房价和在售数量。业务层的宽表分别用于存储平均房价指标数据和在售数量指标数据，该层中的表存储在数据库 houses_dws_database 中。

业务层中平均房价宽表 priceavg_dws_table 的结构如表 8-3 所示。

表 8-3　平均房价宽表 priceavg_dws_table 的结构

字段名称	字段类型	描　述
priceavg	DOUBLE	平均房价
type	STRING	户型
area	DOUBLE	面积
floor_level	STRING	楼层
distance	STRING	是否近地铁
group_type	STRING	维度，包括 1、2、3 和 4。其中，1 表示户型维度；2 表示面积维度；3 表示楼层维度；4 表示是否近地铁维度

业务层中在售数量宽表 salenum_dws_table 的结构如表 8-4 所示。

表 8-4　在售数量宽表 salenum_dws_table 的结构

字段名称	字段类型	描　述
salenum	INT	在售数量
type	STRING	户型
area	DOUBLE	面积
floor_level	STRING	楼层
distance	STRING	是否近地铁
group_type	STRING	维度，包括 1、2、3 和 4。其中，1 表示户型维度；2 表示面积维度；3 表示楼层维度；4 表示是否近地铁维度

8.2 定义二手房数据仓库的存储结构

根据设计的二手房数据仓库，定义数据仓库各层的存储结构。

8.2.1 定义源数据层的存储结构

创建源数据层数据库 houses_ods_database，并在该数据库中创建二手房数据表 houses_ods_table。

（1）执行如下语句，创建源数据层数据库 houses_ods_database。

```
.../> CREATE DATABASE IF NOT EXISTS houses_ods_database;
```

（2）执行如下语句，显示所有数据库，验证数据库是否创建成功。如果列表中出现数据库 houses_ods_database，则证明数据库创建成功，如图 8-3 所示。

```
.../> SHOW DATABASES;
```

```
+----------------------+
|    database_name     |
+----------------------+
| default              |
| hive_database        |
| houses_ods_database  |
| movies_dwd_database  |
| movies_dwm_database  |
| movies_dws_database  |
| movies_ods_database  |
+----------------------+
```

图 8-3　所有数据库

（3）执行如下语句，切换至数据库 houses_ods_database；然后创建二手房数据表 houses_ods_table。

```
.../> USE houses_ods_database;
.../> CREATE EXTERNAL TABLE IF NOT EXISTS houses_ods_table (
  > region STRING, subway_station STRING,
  > type STRING, area DOUBLE,
  > floor_level STRING, total_price INT,
  > unit_price INT, distance STRING )
  > ROW FORMAT DELIMITED
  > FIELDS TERMINATED BY '\t'
  > STORED AS TextFile
  > LOCATION '/user/hive_data/house.db/house_ods';
```

（4）执行如下语句，查看二手房数据表 houses_ods_table 的基本信息，确认表结构是否正确。如果显示的表基本信息与定义的表结构一致，则证明表结构正确，如图 8-4 所示。

```
.../> DESCRIBE houses_ods_table;
```

```
+-----------------+-----------+----------+
|    col_name     | data_type | comment  |
+-----------------+-----------+----------+
| region          | string    |          |
| subway_station  | string    |          |
| type            | string    |          |
| area            | double    |          |
| floor_level     | string    |          |
| total_price     | int       |          |
| unit_price      | int       |          |
| distance        | string    |          |
+-----------------+-----------+----------+
```

图 8-4　二手房数据表 houses_ods_table 的基本信息

8.2.2　定义数据仓库层的存储结构

1. 定义数据仓库层中明细层的存储结构

创建明细层数据库 houses_dwd_database，并在该数据库中创建二手房数据明细表 houses_dwd_table。

（1）执行如下语句，创建明细层数据库 houses_dwd_database。

```
.../> CREATE DATABASE IF NOT EXISTS houses_dwd_database;
```

（2）执行如下语句，切换至数据库 houses_dwd_database；然后创建二手房数据明细表 houses_dwd_table。

```
.../> USE houses_dwd_database;
.../> CREATE TABLE IF NOT EXISTS houses_dwd_table (
  > subway_station STRING, type STRING,
  > area DOUBLE, floor_level STRING,
```

```
    > total_floor INT, total_price INT,
    > unit_price INT, distance STRING )
    > PARTITIONED BY(region STRING)
    > ROW FORMAT DELIMITED
    > FIELDS TERMINATED BY '\t'
    > STORED AS ORC
    > TBLPROPERTIES ('orc.compress'='Snappy');
```

（3）查看二手房数据明细表 houses_dwd_table 的基本信息，确认表结构是否正确。

2. 定义数据仓库层中业务层的存储结构

创建业务层数据库 houses_dws_database，并在该数据库中创建平均房价宽表 priceavg_dws_table 和在售数量宽表 salenum_dws_table。

（1）执行如下语句，创建业务层数据库 houses_dws_database。

```
.../> CREATE DATABASE IF NOT EXISTS houses_dws_database;
```

（2）执行如下语句，切换至数据库 houses_dws_database；然后创建平均房价宽表 priceavg_dws_table。

```
.../> USE houses_dws_database;
.../> CREATE TABLE IF NOT EXISTS priceavg_dws_table (
    > priceavg DOUBLE,
    > type STRING,
    > area DOUBLE,
    > floor_level STRING,
    > distance STRING,
    > group_type STRING COMMENT "1.户型维度 2.面积维度 3.楼层维度 4.
是否近地铁维度" )
    > ROW FORMAT DELIMITED
    > FIELDS TERMINATED BY '\t'
    > STORED AS ORC
    > TBLPROPERTIES ('orc.compress'='Snappy');
```

（3）执行如下语句，创建在售数量宽表 salenum_dws_table。

```
.../> CREATE TABLE IF NOT EXISTS salenum_dws_table (
    > salenum INT,
    > type STRING,
    > area DOUBLE,
    > floor_level STRING,
```

```
> distance STRING,
> group_type STRING COMMENT "1.户型维度 2.面积维度 3.楼层维度 4.
是否近地铁维度" )
> ROW FORMAT DELIMITED
> FIELDS TERMINATED BY '\t'
> STORED AS ORC
> TBLPROPERTIES ('orc.compress'='Snappy');
```

（4）查看平均房价宽表 priceavg_dws_table 和在售数量宽表 salenum_dws_table 的基本信息，确认表结构是否正确。

8.3 向二手房数据仓库中导入数据

二手房数据仓库的存储结构定义完成后，二手房信息网站还需要使用合适的方法将数据导入数据仓库各层的表中，方便后续查询、统计和分析二手房数据。

8.3.1 向源数据层导入数据

原始数据保存在本地文件系统的“/usr/local/hive/hive_data/house.txt”文件中，将原始数据导入二手房数据表 houses_ods_table 中。

（1）执行如下语句，向数据库 houses_ods_database 的二手房数据表 houses_ods_table 中导入数据。

```
.../> USE houses_ods_database;
.../> LOAD DATA LOCAL INPATH
  > '/usr/local/hive/hive_data/house.txt'
  > OVERWRITE INTO TABLE houses_ods_table;
```

（2）执行如下语句，查询二手房数据表 houses_ods_table 中的前 10 条数据，验证数据是否导入成功。如果能够显示出数据，则证明数据导入成功，如图 8-5 所示。

```
.../> SELECT * FROM houses_ods_table LIMIT 10;
```

houses_ods_table.region	houses_ods_table.subway_station	houses_ods_table.type	houses_ods_table.area	houses_ods_table.floor_level	houses_ods_table.total_price	houses_ods_table.unit_price	houses_ods_table.distance
CYQ	石佛营	1室0厅	42.64	中楼层(共22层)	323	75751	近地铁
CYQ	酒仙桥	1室0厅	48.73	高楼层(共21层)	282	57870	近地铁
CYQ	朝阳公园	1室0厅	41.46	低楼层(共19层)	358	86349	近地铁
CYQ	常营	1室0厅	58.93	中楼层(共22层)	346	58714	近地铁
CYQ	常营	1室0厅	45.74	中楼层(共27层)	278	60779	近地铁
CYQ	四惠	1室0厅	63.16	中楼层(共18层)	526	83281	非近地铁
CYQ	双井	1室0厅	40.69	中楼层(共11层)	377	92652	非近地铁
CYQ	建国门内	1室0厅	67.23	中楼层(共24层)	780	116020	非近地铁
CYQ	大望路	1室0厅	61.12	低楼层(共14层)	439	71826	非近地铁
CYQ	大望路	1室0厅	46.13	中楼层(共14层)	335	72621	非近地铁

图 8-5 二手房数据表 houses_ods_table 中的前 10 条数据

8.3.2 向数据仓库层导入数据

1. 向数据仓库层的明细层导入数据

明细层的数据来自源数据层的二手房数据表 houses_ods_table，查询并处理该表中的数据，并将查询和处理结果导入明细层的表中。

（1）执行如下语句，查询二手房的所有数据，同时将字段 floor_level 的值拆分为两个字段，然后将查询结果导入数据库 houses_dwd_database 的二手房数据明细表 houses_dwd_table 中。

```
…/> USE houses_dwd_database;
…/> INSERT INTO TABLE houses_dwd_table
  > PARTITION (region)
  > SELECT subway_station, type, area,
  > SUBSTRING_INDEX(floor_level, '(', 1) AS floor_level,
  > SUBSTRING_INDEX(SUBSTRING_INDEX(floor_level, '共', -1), '层',
1) AS total_floor,
  > total_price, unit_price, distance, region
  > FROM houses_ods_database.houses_ods_table;
```

（2）查询二手房数据明细表 houses_dwd_table 中的数据，验证数据是否导入成功。

（3）执行如下语句，显示二手房数据明细表 houses_dwd_table 中的分区，结果如图 8-6 所示。

```
…/> SHOW PARTITIONS houses_dwd_table;
```

```
+---------------+
|   partition   |
+---------------+
| region=CPQ    |
| region=CYQ    |
| region=DCQ    |
| region=DXQ    |
| region=FSQ    |
| region=FTQ    |
| region=HDQ    |
| region=MTGQ   |
| region=MYQ    |
| region=SJSQ   |
| region=SYQ    |
| region=TZQ    |
| region=XCQ    |
+---------------+
```

图 8-6　二手房数据明细表 houses_dwd_table 中的分区

2. 向数据仓库层的业务层导入数据

业务层的数据来自明细层的二手房数据明细表 houses_dwd_table，查询并统计该表中的数据，并将查询和统计结果导入业务层的平均房价宽表 priceavg_dws_table 和在售数量宽表 salenum_dws_table 中。

（1）执行如下语句，统计北京市朝阳区内每种户型二手房的平均房价，并将统计结果导入数据库 houses_dws_database 的平均房价宽表 priceavg_dws_table 中。

```
…/> USE houses_dws_database;
…/> INSERT INTO TABLE priceavg_dws_table
  > SELECT
  > AVG(unit_price) AS priceavg,
  > type,
  > '-1' area,
  > '-1' floor_level,
  > '-1' distance,
  > '1' group_type
  > FROM houses_dwd_database.houses_dwd_table
  > WHERE region = 'CYQ'
  > GROUP BY type;
```

高手点拨

北京市各区的地理位置、医疗资源和教育资源都会对房价产生较大的影响，因此统计北京市各区内二手房的平均房价和在售数量更有实际意义。于是，二手房信息网站创建了多个宽表，用于存放北京市各区内二手房的平均房价和在售数量。以北京市朝阳区为例，向平均房价宽表 priceavg_dws_table 和在售数量宽表 salenum_dws_table 中导入数据。

（2）执行如下语句，查询平均房价宽表 priceavg_dws_table 中字段 group_type 值为“1”的数据，验证数据是否导入成功。如果能够显示出数据，则证明数据导入成功，如图 8-7 所示。

```
…/> SELECT * FROM priceavg_dws_table WHERE group_type='1';
```

priceavg_dws_table.priceavg	priceavg_dws_table.type	priceavg_dws_table.area	priceavg_dws_table.floor_level	priceavg_dws_table.distance	priceavg_dws_table.group_type
77586.3	1室0厅	-1.0	-1	-1	1
72394.625	1室1厅	-1.0	-1	-1	1
85735.66666666667	1室2厅	-1.0	-1	-1	1
67887.0	2室0厅	-1.0	-1	-1	1
69309.57194244604	2室1厅	-1.0	-1	-1	1
74367.42857142857	2室2厅	-1.0	-1	-1	1
124957.0	3室0厅	-1.0	-1	-1	1
72679.81052631579	3室1厅	-1.0	-1	-1	1
81356.46153846153	3室2厅	-1.0	-1	-1	1
78490.71428571429	4室1厅	-1.0	-1	-1	1
84742.0	4室2厅	-1.0	-1	-1	1
73321.0	4室3厅	-1.0	-1	-1	1
60062.8	5室2厅	-1.0	-1	-1	1
58869.0	5室3厅	-1.0	-1	-1	1
77586.3	1室0厅	-1.0	-1	-1	1
72394.625	1室1厅	-1.0	-1	-1	1
85735.66666666667	1室2厅	-1.0	-1	-1	1
67887.0	2室0厅	-1.0	-1	-1	1
69309.57194244604	2室1厅	-1.0	-1	-1	1
74367.42857142857	2室2厅	-1.0	-1	-1	1
124957.0	3室0厅	-1.0	-1	-1	1
72679.81052631579	3室1厅	-1.0	-1	-1	1
81356.46153846153	3室2厅	-1.0	-1	-1	1
78490.71428571429	4室1厅	-1.0	-1	-1	1
84742.0	4室2厅	-1.0	-1	-1	1
73321.0	4室3厅	-1.0	-1	-1	1
60062.8	5室2厅	-1.0	-1	-1	1
58869.0	5室3厅	-1.0	-1	-1	1

图 8-7　平均房价宽表 priceavg_dws_table 中字段 group_type 值为“1”的数据

（3）执行如下语句，统计北京市朝阳区内不同面积二手房的平均房价，并将统计结果导入数据库 houses_dws_database 的平均房价宽表 priceavg_dws_table 中。

```
.../> INSERT INTO TABLE priceavg_dws_table
  > SELECT
  > AVG(unit_price) AS priceavg,
  > '-1' type,
  > area,
  > '-1' floor_level,
  > '-1' distance,
  > '2' group_type
  > FROM houses_dwd_database.houses_dwd_table
  > WHERE region = 'CYQ'
  > GROUP BY area;
```

小试牛刀

请分别统计北京市朝阳区内不同楼层二手房的平均房价、近地铁和非近地铁二手房的平均房价，并将统计结果导入数据库 houses_dws_database 的平均房价宽表 priceavg_dws_table 中。

（4）执行如下语句，统计不同户型二手房的在售数量，并将统计结果导入数据库 houses_dws_database 的在售数量宽表 salenum_dws_table 中。

```
.../> INSERT INTO TABLE salenum_dws_table
  > SELECT
  > COUNT(*) AS salenum,
  > type,
  > '-1' area,
  > '-1' floor_level,
  > '-1' distance,
  > '1' group_type
  > FROM houses_dwd_database.houses_dwd_table
  > GROUP BY type;
```

（5）查询在售数量宽表 salenum_dws_table 中字段 group_type 值为“1”的数据，验证数据是否导入成功。

小试牛刀

请分别统计北京市朝阳区内不同面积二手房的在售数量、不同楼层二手房的在售数量、近地铁和非近地铁二手房的在售数量，并将统计结果导入数据库 houses_dws_database 的在售数量宽表 salenum_dws_table 中。

8.4 查询并分析二手房数据

将数据导入二手房数据仓库的各个表后，二手房信息网站计划查询、统计并分析这些表中的数据。

（1）统计北京市内各区二手房的平均房价和在售数量。

执行如下语句，查询数据库 houses_dwd_database 中二手房数据明细表 houses_dwd_table 的数据，统计北京市内各区二手房的平均房价和在售数量，如图 8-8 所示。

```
.../> USE houses_dwd_database;
.../> SELECT region,
    > AVG(unit_price) AS avg_unit_price,
    > COUNT(*) AS total_sale
    > FROM houses_dwd_table
    > GROUP BY region;
```

region	avg_unit_price	total_sale
CPQ	50668.32278481012	158
CYQ	72680.28524590164	610
DCQ	103265.77380952382	84
DXQ	46477.90909090909	165
FSQ	33165.55714285714	70
FTQ	63248.14501510574	331
HDQ	98132.46692607003	257
MTGQ	41045.45161290323	31
MYQ	13348.5	2
SJSQ	51449.40740740741	81
SYQ	45532.77777777778	90
TZQ	45735.27922077922	154
XCQ	119047.77697841727	139

图 8-8 北京市内各区二手房的平均房价和在售数量

从图 8-8 中可以看出，西城区内二手房的平均房价最高，说明该区的二手房在北京市二手房市场中具有较强的综合竞争力和吸引力；朝阳区内二手房的在售数量最多，说明该区二手房市场较活跃。

（2）查询北京市朝阳区内二手房平均房价排名前 3 的房屋户型。

执行如下语句，按照户型维度，查询数据库 houses_dws_database 的平均房价宽表

priceavg_dws_table 中朝阳区内二手房平均房价排名前 3 的房屋户型，结果如图 8-9 所示。

```
.../> USE houses_dws_database;
.../> SELECT priceavg, type
  > FROM priceavg_dws_table
  > WHERE group_type='1'
  > ORDER BY priceavg DESC
  > LIMIT 3;
```

priceavg	type
124957.0	3室0厅
85735.66666666667	1室2厅
84742.0	4室2厅

图 8-9　朝阳区内二手房平均房价排名前 3 的房屋户型

从图 8-9 中可以发现，朝阳区内二手房平均房价排名前 3 的房屋户型分别为 3 室 0 厅、1 室 2 厅和 4 室 2 厅。3 室 0 厅的二手房平均房价最高，说明这种房屋户型的市场需求量大，空间布局更受用户青睐。

小试牛刀

（1）请查询北京市其他各区内二手房平均房价排名前 3 的房屋户型。

（2）请查询北京市各区内二手房在售数量排名前 3 的房屋户型。

（3）统计北京市朝阳区内不同面积二手房的平均房价。

① 执行如下语句，临时开启并行执行。

```
.../> SET hive.exec.parallel=True;
```

② 执行如下语句，按照面积维度，查询数据库 houses_dws_database 中平均房价宽表 priceavg_dws_table 的数据，统计 69 平方米及以下、70～89 平方米、90～119 平方米、120～299 平方米和 300 平方米及以上的二手房平均房价，结果如图 8-10 所示。

```
.../> SELECT
  > CASE
  >  WHEN area < 70 THEN '69平方米及以下'
  >  WHEN area >= 70 AND area < 90 THEN '70～89平方米'
  >  WHEN area >= 90 AND area < 120 THEN '90～119平方米'
  >  WHEN area >= 120 AND area < 300 THEN '120～299平方米'
  >  ELSE '300平方米及以上'
```

```
> END
> AS area_range,
> AVG(priceavg) AS avg_price
> FROM priceavg_dws_table
> GROUP BY
> CASE
>  WHEN area < 70 THEN '69平方米及以下'
>  WHEN area >= 70 AND area < 90 THEN '70～89平方米'
>  WHEN area >= 90 AND area < 120 THEN '90～119平方米'
>  WHEN area >= 120 AND area < 300 THEN '120～299平方米'
>  ELSE '300平方米及以上'
> END;
```

```
+-------------+------------------+
| area_range  |    avg_price     |
+-------------+------------------+
| 120～299平方米  | 78947.47950819672  |
| 300平方米及以上   | 65247.5           |
| 69平方米及以下    | 72278.1020594338  |
| 70～89平方米   | 69416.51398601399  |
| 90～119平方米  | 72151.38           |
+-------------+------------------+
```

图 8-10　朝阳区内不同面积二手房的平均房价

从图 8-10 中可以发现，平均房价最高的是 120～299 平方米的二手房；平均房价最低的是 300 平方米及以上的二手房。分析可得，面积适中的二手房平均房价偏高；面积过大的二手房市场需求量小、平均房价偏低。

高手点拨

由于该 Hive 查询比较复杂，且每个分组之间是相互独立的，因此在进行该查询之前可以开启并行执行，达到优化 Hive 性能和提高查询速度的目的。需要注意的是，开启并行执行后，查询结果的返回顺序可能会被打乱。

小试牛刀

（1）请统计北京市其他各区内不同面积二手房的平均房价。

（2）请统计北京市各区内不同面积二手房的在售数量。

（4）查询北京市朝阳区内二手房平均房价最高的房屋楼层。

执行如下语句，按照楼层维度，查询数据库 houses_dws_database 的平均房价宽表

priceavg_dws_table 中二手房平均房价最高的房屋楼层，结果如图 8-11 所示。

```
.../> SELECT priceavg, floor_level
  > FROM priceavg_dws_table
  > WHERE group_type='3'
  > ORDER BY priceavg DESC
  > LIMIT 1;
```

priceavg	floor_level
74690.4962406015	低楼层

图 8-11　朝阳区内二手房平均房价最高的房屋楼层

从图 8-11 中可以发现，二手房平均房价最高的楼层为低楼层，说明出行方便的低楼层二手房在市场中更受用户欢迎。

小试牛刀

（1）请查询北京市其他各区内二手房平均房价最高的房屋楼层。

（2）请查询北京市各区内二手房在售数量最多的房屋楼层。

（5）查询北京市朝阳区内近地铁和非近地铁二手房的平均房价。

执行如下语句，按照是否近地铁维度，查询数据库 houses_dws_database 的平均房价宽表 priceavg_dws_table 中近地铁和非近地铁二手房的平均房价，结果如图 8-12 所示。

```
.../> SELECT distance, priceavg
  > FROM priceavg_dws_table
  > WHERE group_type='4';
```

distance	priceavg
近地铁	73827.8493150685
非近地铁	70970.64897959183

图 8-12　朝阳区内近地铁和非近地铁二手房的平均房价

从图 8-12 中可以发现，近地铁的平均房价比非近地铁的平均房价贵 2 850 元左右，说明近地铁的二手房市场需求量大、具有较强的吸引力。

小试牛刀

（1）请查询北京市其他各区内近地铁和非近地铁二手房的平均房价。

（2）请查询北京市各区内近地铁和非近地铁二手房的在售数量。

8.5 导出二手房数据

由于用户对北京市各区内不同户型二手房和不同面积二手房的平均房价数据比较关注。因此，二手房信息网站决定将平均房价宽表 priceavg_dws_table 中朝阳区内不同户型二手房和不同面积二手房的平均房价数据分别导出到本地文件系统的“/usr/local/hive/hive_data/type_result”和“/usr/local/hive/hive_data/area_result”目录中，以便用户下载，执行的语句如下。

```
…/> USE houses_dws_database;
…/> FROM priceavg_dws_table
  > INSERT OVERWRITE LOCAL DIRECTORY
  > '/usr/local/hive/hive_data/type_result'
  > ROW FORMAT DELIMITED
  > FIELDS TERMINATED BY ','
  > LINES TERMINATED BY '\n'
  > SELECT priceavg, type
  > WHERE group_type='1'
  > INSERT OVERWRITE LOCAL DIRECTORY
  > '/usr/local/hive/hive_data/area_result'
  > ROW FORMAT DELIMITED
  > FIELDS TERMINATED BY ','
  > LINES TERMINATED BY '\n'
  > SELECT priceavg, area
  > WHERE group_type='2';
```

参考文献

[1] 迟殿委. Hive 入门与大数据分析实战 [M]. 北京：清华大学出版社，2023.5.

[2] 黑马程序员. Hive 数据仓库应用 [M]. 北京：清华大学出版社，2021.9.

[3] 王剑辉，于润. Hive 数据仓库案例教程 [M]. 北京：电子工业出版社，2021.8.